Excelで学ぶ AHP入門 第2版

Analytic Hierarchy Process

高萩 栄一郎・中島 信之 共著

Ohmsha

本書に掲載されている会社名・製品名は，一般に各社の登録商標または商標です．

本書を発行するにあたって，内容に誤りのないようできる限りの注意を払いましたが，
本書の内容を適用した結果生じたこと，また，適用できなかった結果について，著者，
出版社とも一切の責任を負いませんのでご了承ください．

　本書は，「著作権法」によって，著作権等の権利が保護されている著作物です．本書の
複製権・翻訳権・上映権・譲渡権・公衆送信権（送信可能化権を含む）は著作権者が保
有しています．本書の全部または一部につき，無断で転載，複写複製，電子的装置への
入力等をされると，著作権等の権利侵害となる場合があります．また，代行業者等の第
三者によるスキャンやデジタル化は，たとえ個人や家庭内での利用であっても著作権法
上認められておりませんので，ご注意ください．
　本書の無断複写は，著作権法上の制限事項を除き，禁じられています．本書の複写複
製を希望される場合は，そのつど事前に下記へ連絡して許諾を得てください．

(社)出版者著作権管理機構
(電話 03-3513-6969，FAX 03-3513-6979，e-mail: info@jcopy.or.jp)

JCOPY ＜(社)出版者著作権管理機構 委託出版物＞

はじめに

　世の中は意思決定でいっぱいです．われわれは生きているかぎり，つねに意思決定をすることを必要としています．そして意思決定問題の多くは，選択肢（代替案という）を評価する基準が複数個ある〈多基準意思決定問題〉ことです．最もありふれた決定問題だから，解法も数多く提案されてきました．そうしたなかで，階層分析法（Analytic Hierarchy Process，略して AHP）は，きわめて独特かつ優れた解法です．

　目的 − 基準 − 代替案と階層化しておいて，一対比較を通じて，基準の相対評価（重み）と，各基準からみた代替案の相対評価（評価値）を求めます．それらを階層に沿って総合化するという，きわめてまっとうな手法です．一対比較が言葉を通じて行われるところが AHP の特徴です．ただ問題は，一対比較から評価値を求める部分にありました．サーティ（AHP の創始者）推奨の固有値法は理論的に難しくもありますが，計算も繰り返しが多く面倒です．そのための専用のソフトウェアも開発されました．ですが，AHP は Excel などの表計算ソフトウェアとは相性がとてもよいことが分かってきました．

　AHP の核となる一対比較は，一対比較表という表の形で表現されますし，この表から重みなどのさまざまな情報を計算し，その計算過程もまた，表の形で表現できます．したがって，AHP の主要な計算は，Excel の計算表で表現できます．そこで本書では，その関係をうまく活かして，Excel の表を使いながら AHP を学んでいただきます．

　AHP を少しだけ拡張した解法に HFI（階層化ファジィ積分）があります．AHP の基準の重みに，基準間の相互作用を付け加えたものです．相互作用と

iii

いうと難しいように聞こえますが，HFIは，商品の選択のときなどでの「悪い点がないこと」を重要視したり，逆に「1つでもよい点があること」を高く評価したりすることができます．HFIも表の形で計算できるので，Excelなどの表計算ソフトウェアの計算表で理解し，また，実際に値を入力して計算結果をみて理解します．第2版でHFIの章を追加しました．

本書は，従来のAHPの入門書とは異なり，数式を使わずに理解できるようにしました．数学の前提知識としては，四則演算が分かれば，十分理解できるようにしています．表の形で表現できるというAHPやHFIの特徴を活かして，表による図解に努めました．さらに，さまざまなAHPやHFIのしくみをExcelの計算式や計算結果をみて理解できるようにしました．

第1版では，Excelのマクロ（VBA）を使っていましたが，第2版ではできるだけ使わないようにしました．そのため，多くのワークシートは，Excel以外の表計算ソフトウェア（GoogleスプレッドシートやOpenOfficeなど）でも利用，学習できます．ただし，途中の計算過程もExcelの計算式で表現され繰り返しの計算もあり，多くのセルを必要とします．そこで，手軽に計算できるようにExcelの関数（マクロ）も用意しました．

本書で利用するExcelのファイルは，オーム社のホームページからダウンロードできます．本書を授業などで利用するにあたって，これらのExcelのファイルを履修者に限定したCMSなどでの配布は構いません．

本書の主な構成を示すと次のようになります．

第1章から第4章までで，AHPでモデルを作成し，計算できるようになります．Excelの前提知識は，ほとんど必要ありません．ExcelをAHPを計算するアプリケーションソフトウェアのように使います．

第1章では，AHPとはどんなものかを説明します．ここで，おおまかなイメージをつかみます．

第2章では，AHPの核になる一対比較について学び，そこから重みや評価値などを求めるしくみを示します．

第3章では，簡単な事例を示します．この事例をもとに，なにか自分のAHPのモデルを考えてみてください．

第4章では，Excelを使い，設定されたExcelの計算式におまかせで，AHPの計算を行います．自分で作成したモデルを計算してみてください．計算結果

をグラフ化（可視化，見える化）して，分析結果の考察に役立てます．ここまでで，もう AHP を使ったレポートを作成できます．

　第 5 章から第 6 章は，AHP を使いこなして，発展させるための学習です．

　第 5 章は，AHP をうまく使うためのコツを説明します．AHP でモデルを作成するとき，このようなこともちょっと考えてみようという章です．

　第 6 章は，AHP の事例ですが，第 3 章とは異なり，応用的なものです．いままでにこんな拡張をしている，このような使い方もあるという章です．

　第 7 章は，Excel を使って，さまざなシステムを作ったり，分析をしたりします．必要に応じて読んで試してみてください．7.1 節では，第 4 章では手作業で行っていたものを Excel の計算式で設定し，作成者（読者）以外の人でも簡単に利用できるようにします．7.2 節では，一部分一対比較が行われなかった場合やたくさんの基準や代替案の場合の対応方法を記述しました．7.3 節では，7.1 節の応用例として，「お勧めの商品やサービスの提示システム」を Excel で作成してみます．例題は，「川崎市多摩区から行くお勧めの公園」です．7.4 節では，第 5，6 章で紹介した 3 階層以外の AHP の計算方法を説明します．7.5 節では，自分でシステムやモデルを拡張するとき，容易に AHP の計算ができるように，AHP の関数（マクロで作成したもの）の使い方を説明します．7.6 節では，AHP の一対比較を使ったアンケート調査の方法，分析方法を説明します．自治体や市場調査などで，住民や顧客が，なにをどれくらい重要視しているのかを測るのに使います．

　第 8 章は，「表計算で学ぶ AHP のしくみ」というタイトルで，AHP の固有値法，欠損値の対応方法（ハーカーの方法），矛盾する一対比較の発見法などのしくみを表の形で学習し，どのように Excel の計算式で表現されるのかを学習します．難しいようでしたら，この章は飛ばして読み進めることもできます．

　第 9 章は，HFI の説明です．この章も表を使って計算方法を示し，Excel の計算式（マクロ不使用）で計算します．また，AHP の場合と同様に関数（マクロ）も作成しましたので，その利用法も記述しました．

　AHP は各基準をどれくらい重要視するのかの重みを使いました．AHP とは別に順位に重みを与える OWA オペレータ（9.2 節）というモデルもあります．高い順位の基準の評価値を重要視することで，よい点があることを評価でき，逆に低い順位の基準の評価値を重要視することで，悪い点がないことを評価で

はじめに

きます．HFI は，AHP の基準の重みと OWA オペレータの順位への重みをあわせもったモデルです．

　本書は，2 人の共著ですが，特に章ごとの役割分担をしたものではありません．Excel 関連は高萩が，それ以外の部分は中島が原案を作成し，お互いに議論し，加筆修正削除しました．

　本書の企画編集で，オーム社の皆様にはさまざまなアドバイスを受け，また，全般にわたりご尽力をいただきました．この場を借りて，厚く御礼申し上げます．

2018 年 4 月

著者一同

目　次

はじめに iii

第1章　AHPで意思決定 1

1.1　最もよい品を求めて——多基準決定問題 2
　1.1.1　よい品は高く，安い品はよくない？ 2
　1.1.2　分割し統治せよ 3
　1.1.3　これぞAHP 5

1.2　ゲーム感覚意思決定法 6
　1.2.1　AHPとは 6
　1.2.2　AHPの概略 7

1.3　解く道筋 10
　1.3.1　階層構造 10
　1.3.2　一対比較とプライオリティの計算 11
　1.3.3　評価の総合化 12

第2章　AHPのしくみ 15

2.1　階層構造 16
2.2　一対比較と一対比較表 17
　2.2.1　一対比較とは 17
　2.2.2　言葉による一対比較 18
　2.2.3　アンケート用紙 19
　2.2.4　一対比較表 20
　2.2.5　代替案間の一対比較 20

2.3　重み（優先度）を計算する 22
　2.3.1　重み（プライオリティ）計算の仮定 22
　2.3.2　計算法1——幾何平均法 23

vii

目　次

	2.3.3	計算法 2──固有値法	27
	2.3.4	代替案間の一対比較と評価値	30
2.4		**総合評価値の計算──加重和による計算**	**30**
2.5		**グラフ化による結果の解釈・考察**	**31**
2.6		**整合度（C.I.）**	**34**
	2.6.1	考え方	34
	2.6.2	整合度の評価	35
2.7		**階層構造（再び）**	**36**

第 3 章　簡単な事例　37

3.1	**中国茶選び**	**38**
3.2	**家庭菜園**	**42**

第 4 章　Excel で計算してみよう　47

4.1	**準備と概要**	**48**
4.2	**アンケート用紙の作成**	**49**
4.3	**総合評価値計算表を作成**	**51**
4.4	**重みの計算（基準間）**	**52**
4.5	**評価値の計算（代替案間）**	**54**
4.6	**総合化**	**55**
4.7	**グラフによる可視化**	**57**

第 5 章　AHP をうまく使いこなすには　63

5.1		**AHP を始めるまえに**	**64**
	5.1.1	だれのための，何のための AHP か	64
	5.1.2	AHP の設計──専用型それとも汎用型？	66
5.2		**階層図と評価基準**	**71**
	5.2.1	階層構造をどう作る	71
	5.2.2	基準の選び方	73
	5.2.3	嗜好と目的	75

viii

第6章 さまざまな AHP 77

6.1 地方分権のあり方 78
6.1.1 問題の背景 78
6.1.2 階層構造 78
6.1.3 結果 80
6.1.4 結論 81

6.2 国連安保常任理事国入りの是非 82
6.2.1 問題の背景 82
6.2.2 安保理改革 82
6.2.3 結果と結論 83
6.2.4 日本の常任理事国入りの是非 83

6.3 金融機関の評価 85
6.3.1 問題の背景 85
6.3.2 階層構造 85
6.3.3 基準のウェイトの変化 86
6.3.4 代替案のウェイトの変化 86
6.3.5 結論 87
6.3.6 特徴 87

6.4 アクターの使用例──ビデオレコーダーの選定 88
6.4.1 問題 88
6.4.2 アクターを入れた場合の AHP 89
6.4.3 一対比較と計算 89
6.4.4 結論 92

6.5 直接評価と一対比較の併用──コンピュータシステムの評価... 93
6.5.1 コンピュータシステムの評価 93
6.5.2 問題点 96
6.5.3 直接評価の注意 96

第7章 AHP を使ってシステムを作る 99

7.1 自動計算するシステムの作成 100
7.1.1 アンケート用紙の変更 100
7.1.2 アンケート用紙の一対比較値を重要度計算のシートに転記する計算式の設定 ...101
7.1.3 シート「総合評価」へ計算式で複写 103

ix

目　次

| 7.2 | 欠損値がある場合や一対比較の項目数が多い場合 | ..... 105 |

7.2.1　欠損値がある場合 105
7.2.2　一対比較の項目数が多い場合 106

| 7.3 | AHP を使ったお勧めの商品やサービスの提示システム（応用例） ... 107 |

7.3.1　基準，代替案の選択 107
7.3.2　全体の流れ 109
7.3.3　一対比較 111
7.3.4　入力画面の作成 111
7.3.5　総合評価の計算シートの変更 113

| 7.4 | 3 階層以外の AHP の計算──ミニ AHP の利用 ..... 114 |

7.4.1　ミニ AHP 114
7.4.2　ミニ AHP の実行と総合化 115

| 7.5 | マクロを使った計算 ..... 117 |

7.5.1　一対比較表から重みと C.I. を計算 117
7.5.2　1 つの AHP モデルを 1 つのシートにまとめる 119
7.5.3　一対比較 119
7.5.4　総合化 120

| 7.6 | 一対比較を利用したアンケート ..... 124 |

7.6.1　アンケートの概要 124
7.6.2　アンケートの作成 125
7.6.3　アンケートの集計 126
7.6.4　集計 131
7.6.5　集計例──授業科目の選択 131

第 8 章　表計算で学ぶ AHP のしくみ 135

| 8.1 | 固有値法の計算方法 ..... 136 |

8.1.1　べき乗法 136
8.1.2　実際の計算 138

| 8.2 | 欠損値がある場合（ハーカーの方法） ..... 140 |

8.2.1　ハーカーの方法のしくみ 140
8.2.2　実際の計算（AHPCalc_Harker.xlsx での計算） 143
8.2.3　マクロによる計算 144
8.2.4　欠損値があまりにも多いときは計算できない 145

8.3	矛盾する一対比較値の発見法	147
8.3.1	刀根の方法	147
8.3.2	中島の方法	149
8.4	幾何平均法での整合度	151

第9章 表計算で学ぶ階層化ファジィ積分（HFI）
──基準間の相互作用を考慮したモデル 153

9.1	よい点が中心の（代替的）総合評価 VS 悪い点が中心の（補完的）総合評価	154
9.2	順位に重みを与えるモデル──OWA オペレータ	157
9.2.1	OWA オペレータの計算	157
9.2.2	OWA オペレータの表計算での計算方法（マクロなし）	159
9.2.3	OWA オペレータの表計算での計算方法（マクロによる方法）	160
9.2.4	順位への重みと出力値の関係	161
9.2.5	OWA オペレータの順位への重みの決め方	162
9.3	基準への重みと順位への重みの両方を考えたモデル（ショケ積分）	163
9.3.1	ファジィ測度ショケ積分モデル	163
9.3.2	優加法性，劣加法性，加法性とショケ積分の出力値	165
9.3.3	ショケ積分モデルの表による計算方法	166
9.3.4	マクロによるショケ積分の計算	169
9.4	階層化ファジィ積分法（HFI）の考え方	171
9.4.1	ファジィ測度の決め方（ϕ_σ 変換）	171
9.4.2	表による計算	173
9.4.3	一対比較を使って ξ を決める	174
9.5	表計算による HFI 分析	175
9.5.1	HFI の計算表	175
9.5.2	マクロを使って HFI を計算	178
9.5.3	感度分析	179
9.5.4	相互作用 ξ について（再び）	182

参考文献	184
索　引	185

目　次

COLUMN

幾何平均——なぜ，比の平均は，幾何平均を用いるのか？ 26

自分と比べての平均値 26

絶対参照と相対参照 122

■ サンプルファイルのダウンロードについて

　サンプルファイルの著作権は，著者に帰属します．著作権は放棄していませんが，本書を使った学習の中で，ファイルは自由に変更してお使いください．

　　オーム社ホームページ　https://www.ohmsha.co.jp/

「サポート」の「ダウンロードについて」から「書籍検索ページ」に行き，『Excel で学ぶ AHP 入門　第 2 版』を検索して，リンク先のページよりダウンロードしてください．

※ダウンロードサービスは，やむをえない事情により，予告なく中断・
　中止する場合があります．

第 1 章

AHP で意思決定

　階層分析法（AHP）は，T.L. サーティによって開発された意思決定法で，人間の主観を最大限活かした手法である．本章では，AHP がどういうものであるかを知っていただくために，スポーツクラブ選びを例に，その考え方と概略，おおまかな手順を解説する．

第 1 章　AHP で意思決定

1.1 最もよい品を求めて──多基準決定問題

　われわれは買い物をするとき，大学を選ぶとき，よい品よい大学を選びたいと思う．だが，そうした選択はたいていの場合，きわめて困難である．本節では，なぜ困難かを探り，よい選択をするための方法を考えよう．

1.1.1 よい品は高く，安い品はよくない？

　みなさんが，例えばデジタルカメラ（でなくても，何でもよいが）を買いに行ったとしよう．デジタルカメラを買うことは決まっていたとしても，いざ実際に買う段階になると，電器店の各社の製品を前にどれにしたものか迷うものである．Ａ社のこの品もよいが，Ｂ社のこの品も悪くない．いったいどれにしたものか．

　デジタルカメラのような高価なものでなく，もっと身近な例でみても同じことが起こる．どの中国茶がよいか，家庭菜園で育てる野菜は何がよいか，どのチョコレートを選ぼうかなどと，われわれはしょっちゅう迷っている．

　どうして迷うかを考えてみると，どうもわれわれの欲しい品はどれなのか，よく分かっていないかららしい．もちろんわれわれが欲しいのは最もよい品である．それにもかかわらず，われわれ（決定者）にとってどれが‘最もよい’品なのか，よく分かっていない．言い換えると，‘よさ’の意味が定まらない．

　では，なぜ‘よさ’は定まらないのだろうか．

　もし，あるひとつの製品があらゆる点で他より優っていれば，「その品は間違いなく最も‘よい’．おそらくだれも迷わないだろう．」ということは，迷うのはどの品もある点（例えば，値段，デザイン，使い勝手，……など）で優れていても，他の点で劣るからである．裏からいえば，ある基準ではある商品が優れ，他の基準では別の製品が優れている，ということである．

　つまり，商品を測る基準が複数個あり，しかもそれらによる評価が一致しないから迷う，ということだ．

2

1.1.2 分割し統治せよ

■ 分割する

'よさ'の意味が定まらず，判断に迷ったのは，商品を漠然とした'よさ'で測ろうしたからであった．そこで商品の（漠然とした）'よさ'をいくつかの評価基準に細分し，各基準ごとに商品（代替案）を評価すればよいのではないか，と気がつく．こうしたやり方は，多基準決定問題と呼ばれている．

図1.1がこの型の問題で，評価基準は，自動車(新車)選び問題では，「経済性（とくに燃費）」「安全性」「スタイル」などである．また，スポーツクラブ選び問題では，「費用」「施設・環境」「交通の便」「スタッフ」などである．他にも，中国茶選び問題では，「香り」「味」「色」「価格」が，家庭菜園で育てる野菜問題では，「使用頻度」「育てやすさ」「収穫までの期間」「場所」などといった基準が考えられる．

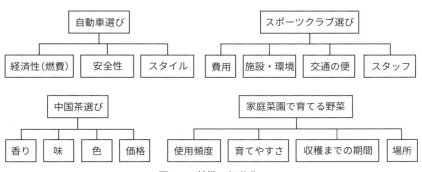

図 1.1　基準の細分化

■ 堂々巡り──代替案に連動する基準

漠然とした'よさ'を評価基準に分割することで，意思決定の構造が明らかになった．

だが，まだ迷いはなくならない．その理由は，評価基準が，考える対象（代替案）に連動して変わるからである．例えば，商品Aは品質はよいが，値段が高い．商品Bは安くてお買い得だが，品質に難がある．商品Cは有名ブランドという点ではよいが，品質の割りには割高である，としよう．

こういう状況で，多くのひとは次のように行動するだろう．最初は予算（価格）という基準で考えてBにしようと思うのだが，ふと品質が気になり，「Bはもうひとつだ……」と基準が動き始める．品質という基準ならばAだが，「いっそのことブランド品のCも悪くないか」と，見栄え（ブランド）という基準に移る……．だが「やはりCは金額が張りすぎるからなあ」と，元の価格の基準に戻ってくる．

価格　⇒　品質　⇒　見栄え　⇒　価格
B　　　　　A　　　　　C　　　　　B

と，要するに，基準の堂々巡りである．

さらに，意思決定は決定者が決定すればそれでおしまい，とはいかないことが多い．他人，例えば上司，同僚，あるいは配偶者などの'利害関係者'に，自分の決定が正しいことを説得しなければならないこともある．利害関係者が増えれば，堂々巡りはさらに生じやすく，しかも深刻になる．

■ 堂々巡りを断つ——基準と代替案の分離

堂々巡りを元から断つにはどうすればよいか．要は，基準が代替案に連動しないような構造・しくみを作ればよい．

例として入学試験を取り上げてみよう．（学校側からみた）入試の目的は学力の'優秀な'学生を獲得することである．せっかく，学力という（漠然とした）基準を国語や数学，外国語などの試験科目（基準）に分けても，受験生Aさんを測るときは数学に重きをおき，B君を測るときは外国語に重きをおく，というようなやり方では，堂々巡りになってしまう（こういう事態は面接でよくみられる）．

入学試験で数学と外国語を別々に試験し採点するのは，他の基準の結果に引きずられないためであり，答案の採点のときに名前を隠すのは，代替案を基準から分離し，受験生によって基準が揺れ動くのを防止するためである．

■ 評価の総合化

目的に合わせて'よさ'の基準を細分し，基準を代替案から切り離すことで，代替案を正しく評価できるようになった．だが，まだ，ある基準ではこの商品がよく，別の基準では別の商品がよく，……という悩みは解消されていない．

1.1　最もよい品を求めて——多基準決定問題

　最もよい品を見出すという目的への最終段階は，基準ごとの評価を何らかの方法でひとつの評価値に総合化する．多基準決定問題には，いろんなやり方があるが，そのどれも万能ではない．最大評価による方法，最小評価による方法などがあるが，最もふつうなのが合計点（同じことだが，平均点）による方法であろう．あるいは，基準に与えた重みによる重みづき平均法もよい．

1.1.3　これぞ AHP

■ 多基準決定問題の解法

　これまで説明してきた多基準決定問題の解法をまとめると，その手順は以下のとおりである．

(1) 商品（代替案）のよさをいくつかの評価基準に分割する．
(2) 代替案をそれぞれの評価基準で評価する．
(3) 各基準による評価を総合して総合評価を求める．
(4) 総合評価値に基づいて選択を行う．

■ 評価基準の重みづけ

　総合評価として重みづき平均を採用すると，基準の重み（科目の配点）をどう決めたらよいだろうか[†1]．あるいは，各基準によって代替案を評価するとき，どのようにすれば‘正しい’評価が得られるだろうか．

　評価基準といっても，量的なもの質的なものなど，いろいろある．数値としてあるいは客観的に比較しやすい場合もあれば，異質で比較しにくい場合もある．

　入学試験における試験科目はほぼ同質といえるので，ある程度（社会の）常識によって比較して問題はない．それに対して，量的な価格と質的な品質のような基準は，比較しにくく，重みの決定は困難になる．

■ AHP の出番です

　このようなときに利用される手法として階層分析法（AHP）と呼ばれるも

[†1]　もちろん，学力をいくつかの科目に分けるという構造や，それらの試験科目が受験生の学力を正しく表しているかということも問題だが，ここでは考えないことにする．

第 1 章　AHP で意思決定

のがある．この手法は，基準同士の比較・評価をひとの主観に基づき，（自然）言語を用いて行うため，どんな基準同士も比較可能[†2]で，したがってすべての基準の重みを求めることができる．

1.2 ゲーム感覚意思決定法

階層分析法（Analytic Hierarchy Process, 頭文字をとって AHP と略称される）は，1977 年に T.L. サーティ（Saaty）によって始められた意思決定法である．ひとの主観を活かした，有力かつ興味深い手法である．

1.2.1 AHP とは

階層分析法（AHP）はしくみもやり方もきわめて簡単で，刀根がいうとおり，意思決定をゲーム感覚で行うことのできる優れた手法である[†3]．

AHP をうまく使いこなすには，解析全体を通したしくみを理解してもらうのが第一である．これから，AHP による解析の流れを理解してもらうために，著者のひとり中島（富山大）の以前のゼミの学生（夜間主コース ＝ 働きながら学べる）H さんの「スポーツクラブの選択」の例で，順を追って説明することにしよう．

■ 例　スポーツクラブの選択

H さんは最近運動不足を感じ，スポーツクラブに通ってみようと考えている．パンフレットを集めて候補を A，B，C の 3 カ所にしぼった．概略を紹介する．

「費用」は，通常は，B，A，C の順に安いが，A は現在キャンペーン中で割引があり，最も安い（ただし，割引期間の終わったあとの更新の際，もとの料金に戻る可能性は大きい）．「施設・環境」は，費用の高い順に，つまり C，A，B の順によく，「係員・スタッフの態度」は A，C，B の順によかった．最後の「交通の便」（距離）だが，これだけは，決定者の住所によって評価が変わる．彼

[†2]　「脳という臓器は，その内部で，もともとはとうてい交換不能のものを，強引に交換してしまう」（養老孟司『涼しい脳味噌』文春文庫，92 ページ）

[†3]　本節の題名は刀根の名著『ゲーム感覚意思決定法——AHP 入門』[2] から拝借した．

6

女の住む会社の寮から車で近い順に，A（10分以内），C（15分あまり），B（40分程度）である．

Hさんの心はだいたい（Aに）固まっているのだが，本当にそれでいいという確証がほしい．

■ 意思決定の役割

意思決定で最も奇妙な点は，この例のHさんのように，どんな意思決定問題についても，われわれはあらかじめ何らかの答えをもっている，ということかもしれない．あるいは，どれがよくてどれがよくないかという'感じ'ぐらいはもっている．あるいは，少なくともまったく白紙ということはないだろう．

その答えは正しいかもしれないし，正しくないかもしれない．意思決定法は，そうした'答え'を裏づけたり，強化してくれる．間違っていれば，'正解'を教えてくれる．そうすることによって，われわれは自ら抱いていた解答に自信をもち，考えなおし，あるいはよりよい解に近づけることが可能になる．意思決定法のひとつの大きな役割である．

1.2.2 AHPの概略

だが，その解法に他の多基準決定問題の場合と少し異なるところがある．そのひとつは，人間の主観により，言葉（自然言語）を用いて行うということである．ひとの主観は，思ったよりも正確だが，同時に少々の矛盾や撞着は避けられない．他の手法と違って，AHPは矛盾や撞着をうまく利用して答えを出せる．

■ AHPの手順

AHPの手順の概要は図1.2のとおりである．なお，詳細は，第2章で例を説明しながら解説する．

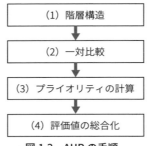

図 1.2　AHP の手順

図 1.2 の手順をもう少し詳しく説明する．

手順 (1)　目的を細分して基準とし，階層構造を作る（図 1.3 参照，10 ページ）．階層図の出来の善し悪しが結果に直結しているので，細心の注意が必要である．

手順 (2)　(a) 目的からみた基準の一対比較と，(b) 各基準からみた代替案の一対比較を行う．一対比較は言葉によって相対的評価として行う．その結果は対照表（表 2.1 参照，18 ページ）によって数値に翻訳し，一対比較表（一対比較行列）を作る．

手順 (3)　固有値法（または幾何平均法）によって，一対比較表から，各基準および各代替案のプライオリティを計算する（表 1.1 および表 1.2 参照，11，12 ページ）．

手順 (4)　最後に各代替案のプライオリティ（評価値）を基準のプライオリティ（重み）で重みづき平均をとって総合評価値とする（表 1.3 参照，12 ページ）．

■ AHP の特徴

　AHP の手順は，それ自体としては，通常の多基準決定問題の解法と変わらない．階層分析法（AHP）の特徴は，

(1) 階層構造
(2) 言葉による一対比較
(3) 固有値法によるウェイトの計算

の 3 点である．以下，これらについて簡単に説明する．

(1) 階層構造

目的をいくつかの基準に'分割'し，個々の評価値を（基準の重みで）'総合'する．こうした，目的 – 基準 – 代替案という構造を「階層構造」という．

(2) 言葉による一対比較

基準や代替案を評価するとき，AHP は数値による直接の絶対評価ではなく，2 つの項目（基準，あるいは代替案）を取り出して，それらを相対的に比べ，間接的に評価する．このやり方を「一対比較」という．

一対比較には，数値ではなく「言葉」を用いる．具体的には，A が B より「どの程度」重要か，優れているか，好ましいか，などを「言葉」によって回答する．言葉を用いることで，（客観的）数値で表しにくい主観的要素を含む決定問題を取り扱うことが可能になる．なお，言葉で得られた相対評価は数値に翻訳される（サーティの与えた翻訳のための対照表は実にうまくできている）．言葉による一対比較が AHP の最大の特徴である．

(3) 固有値法によるウェイトの計算

言葉による一対比較を数値に翻訳すると，項目（基準あるいは代替案）の相対的な評価値が一対比較表で得られる．一対比較表から，各項目のプライオリティ（重み）を求める，固有値法と呼ばれる方法をサーティは与えている．その他に幾何平均法と呼ばれる簡便法がある．幾何平均法は固有値法による解の近似値としても有用である．

■ 例にみる解の概要

例の「スポーツクラブの選択」で，H さんはスポーツクラブのパンフレットを集め，候補を A，B，C の 3 カ所にしぼった．それらの条件を整理して示す．

費用：A，B，C の順に安い（通常料金ならば B，A，C）
施設・環境：C，A，B の順によい（通常料金の高い順）
係員・スタッフの態度：A，C，B の順によい
交通の便（距離）：A（10 分以内），C（15 分あまり），B（40 分程度）の順に近い（彼女の住む会社の寮から車で）

この例について，次節で，(4) 評価値の総合化を中心に解説する（(1) 階層構造はすでに定められているもの（図1.3参照）とし，また (2) 一対比較と (3) プライオリティの計算は第2章で説明することにし，ここでは省略する）．

1.3 解く道筋

すでに述べたように，AHP を解くには，(1) 階層構造を作り，(2) 一対比較をし，(3) プライオリティを計算し，(4) 評価値を総合する，という手順を踏む．

1.3.1 階層構造

意思決定者（この例では H さん）は，階層構造を作るために，「スポーツクラブのよさ」をいくつかの基準に分けた．働きながら学ぶ H さんにとって，何といっても費用の要素が最も大きい．とはいうものの，世の中何につけても安ければよいというわけではない．安くても施設・設備がお粗末ではどうにもならない．それに，クラブまでの交通の便や，スタッフの態度なども長い目でみれば無視できない．

そこで H さんは，「スポーツクラブのよさ」の基準として「費用」「施設・環境」「交通の便」「スタッフの態度」という4つを考えた．かくして図1.3のような「目的 –（4つの）基準 –（3つの）代替案」からなる階層構造が出来上がった．

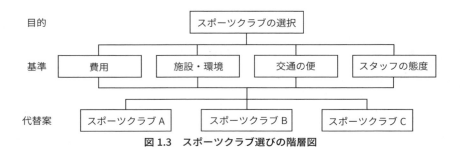

図1.3　スポーツクラブ選びの階層図

1.3.2　一対比較とプライオリティの計算

　階層構造が出来上がると，次は，(a) 基準の重みづけ（プライオリティ）と，(b) 各基準からみた代替案の評価値（プライオリティ）を求める．

　プライオリティ（priority）とは，辞書の意味としては「優先順位」であるが，本書では基準や代替案の重視度，重要度，重みづけ，評価値の意味で用いる．あるいはウェイト（weight）とも呼ぶ．

(a) 4つの基準の重視度の決定

　一対比較をどう行い，重視度（プライオリティ）をどう求めるかについては第2章にまわし，まず，結果だけを紹介しておこう（表1.1）．

表1.1　基準のプライオリティ

評価基準	費用	施設・環境	交通の便	スタッフ
重み	0.5803	0.2047	0.1582	0.0568

　この表から明らかなように，Hさんは（当然のことながら？）費用を最も重視している（58％）．次いで，施設・環境，交通の便の順で，スタッフはあまり重視していない．

　なお，Hさんの場合は費用を最も重視したが，個人差は，一般に基準の重みづけに表れ，各基準からみた代替案の重みには表れない．いまの例でも，どの基準をどの程度重視するかは意思決定者の主観（個人差）による．それに対して，各基準からみた代替案の重みは，交通の便を除いて（これだけは決定者の住まいによる），多くのひとに共通する．こうした点については別に論じる．

(b) 各基準からみた代替案の好ましさ

　Hさんは，これら4つの基準のそれぞれによって代替案（スポーツクラブ）A，B，Cの評価を行った．この場合も，求め方はあとにまわし，各評価値を示す（表1.2）．

第1章 AHPで意思決定

表1.2 各評価基準からみた代替案の評価

評価基準 （重み）	費用 (0.5803)	施設・環境 (0.2047)	交通の便 (0.1582)	スタッフ (0.0568)
A	0.5396	0.1734	0.4434	0.5396
B	0.2970	0.0545	0.1692	0.1634
C	0.1634	0.7720	0.3873	0.2970

これでみると，クラブAは費用，交通の便，スタッフの3基準で圧倒しているが，残りの基準，施設・環境に関してはクラブCがよい，ということが分かる．

1.3.3 評価の総合化

最後に，各代替案の総合評価を求める．総合評価値は，基準ごとの代替案の評価値（表1.2）の，基準の重みづけ（表1.1）による，重みづき平均値である．つまり，基準の重みとその基準による評価値を掛けた積の総和である．例えば代替案Aの場合は，

$$0.5803 \times 0.5396 + 0.2047 \times 0.1734 + 0.1582 \times 0.4434 +$$
$$0.0568 \times 0.5396 = 0.4493$$

と計算される．同じように計算した結果をまとめたのが表1.3である．

表1.3 総合評価値

評価基準	費用 0.5803	施設・環境 0.2047	交通の便 0.1582	スタッフ 0.0568	順序 総合評価値
A	0.5396 (0.3131)	0.1734 (0.0355)	0.4434 (0.0701)	0.5396 (0.0306)	① 0.4493
B	0.2970 (0.1723)	0.0545 (0.0112)	0.1692 (0.0268)	0.1634 (0.0093)	③ 0.2196
C	0.1634 (0.0948)	0.7720 (0.1580)	0.3873 (0.0613)	0.2970 (0.0169)	② 0.3310

■結論

結果はHさんの予想どおりクラブAが総合評価第1位であった．彼女は安心してクラブAを選ぶことができた．

AHPの目的は，まず第一に，最もよい代替案を選び出すことにある．だが，

12

自分なりにもっていた結論が正しいかどうかを確認することも，ときには目的になる．自分の予想が AHP によって支持されれば，自信をもってことにあたることもできるし，他人（上司や家族）に対し自信をもって説得することもできる．また結果が自分の予想と違っているときには，問題を考えなおす契機にもなる．

　もし第1案が何らかの理由で選べなければ（例えば，すでに予約で一杯だったとか），総合評価第2位のクラブCを選べばよい．

第 2 章

AHP のしくみ

前章で，階層分析法（AHP）がどのように使われているかというあらましを，簡単な応用例でご覧いただいた．これから，AHP のもう少し詳しい使い方を解説する．一対比較，数値への翻訳，および一対比較表からのプライオリティ（重み）計算の仕方などを述べる．例は前章に引き続き，スポーツクラブの選択である．最後に，自分で AHP を作成するために，階層構造の作り方を説明する．

第 2 章 AHP のしくみ

2.1 階層構造

意思決定者（H さん）の作業は，階層構造を作ること，つまり，「スポーツクラブのよさ」をいくつかの基準に分けることから始まる．すでに示したように，H さんは基準を「費用」「施設・環境」「交通の便」「スタッフの態度」の 4 つの階層構造を作った．階層構造を図 2.1 のように図で表したものを階層図と呼ぶ．

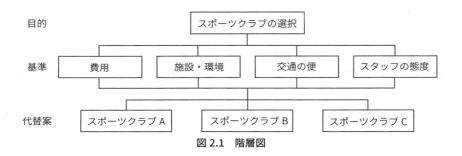

図 2.1　階層図

2.2　一対比較と一対比較表

2.2　一対比較と一対比較表

　階層構造が出来上がると，次の作業は，(1) 基準の重みづけと，(2) 各基準からみた代替案を評価することである．つまり，

　(1) 目的に照らして，(4つの) 基準のうち，どれをどの程度重要視するか
　(2) 各基準からみて，どの代替案がどの程度好ましいか

を決定する．

　ここで重要なことは，基準を比較するときは代替案 (スポーツクラブ) とは独立に比較し，基準によって代替案を比較するときは，他の基準とは独立に，その基準だけに注目して比較するということである．

2.2.1　一対比較とは

　一対比較とは，(1) 階層図の直下の項目 (代替案あるいは基準) を2つずつ取り上げて対とし，(2) 直上の基準 (あるいは目的) からみて，その対のどちらがどの程度重要か，あるいは好むか，などを比較・評価することをいう．「一対比較」というと，何となく難しそうだが，例えば項目の数が3 (A，B，C) のときは，

　　A 対 B，A 対 C，B 対 C

と3通りの比較を行う，ということである．一対比較の数は，項目数が4 (A，B，C，D) ならば，

　　A 対 B，A 対 C，A 対 D，B 対 C，B 対 D，C 対 D

の6通り，項目数が5になると10通り，項目数が6ならば15通り，7項目のとき21通り，……となる．

　一対比較法の特徴は，どの項目の対同士も，直接比較の他に，間接的にも比較される点にある．

17

第 2 章　AHP のしくみ

2.2.2　言葉による一対比較

　AHP のもうひとつの，そして最大の特徴は，一対比較を言葉によって行う
ということである．われわれは，「費用」と「交通の便」のように異質なもの
同士でも，すでに述べたとおり，言葉を用いれば比較できるのである．

　比較の具体的なやり方を説明する．

　基準の場合は「基準 A と基準 B を比べて，どちらをどの程度重要視します
か？」と，代替案の場合は「（ある基準について）代替案 A と代替案 B を比べ
て，どちらがどの程度よいですか？」と問う．

　このように比較は，基準の場合は‘重要視する’，代替案の場合は‘よい‘と
か‘好ましい’とか‘優れている’などといった語（形容詞ないし形容詞的語）
によって行う．すなわち，その‘程度’を以下の 5 つの副詞

　　　同じくらい，少し，かなり，うんと，圧倒的に

によって表す[†1]．もう少し具体的にいうと，2 つの代替案や基準を比較し，一
方が他方より，‘同じくらい’よい，‘少し’よい，‘かなり’よい，などなど（あ
るいは，‘同じくらい’重要視する，‘少し’重要視する，などなど）のなかか
ら最も適当と感じたものを選ぶ．

　評価するときには，言葉はわれわれの感覚をよく表すので便利だが，そのま
まで解析することはできない．そこで，次の翻訳表（表 2.1）によって言葉を
数値に翻訳する．この数値を一対比較値と呼ぶ．

表 2.1　副詞と数値（一対比較値）の翻訳表

副詞	数値（一対比較値）
同じぐらい	1
少し	3
かなり	5
うんと	7
圧倒的に	9

　例えば，A が B より「うんとよい」と感じられたときには，A 対 B を「7」
と決める（B 対 A は逆数をとって「1/7」とする）．もし逆に B が A より「う

---

†1　‘副詞’は何種類かあるが，ここでは竹田[1]の用語によった．

18

んとよい」ときは，B対Aを「7」，A対Bを「1/7」とする．2つの副詞の間ぐらいに感じられたときは，数値も中間の値を採用する．例えば，「かなり」と「うんと」のあいだならば対応する数値は「6」とする．

すべての対にわたって一対比較を繰り返す．言葉による比較は一見いいかげんなようだが，実際にはきわめて安定性があることが知られている．

2.2.3 アンケート用紙

一対比較を行うとき，図 2.2 の上部に示すような表を用意しておくと便利である．このアンケート用紙は，基準の一対比較用で，「重要」と記述されているが，代替案の一対比較の場合，「重要」の部分を「よい」に変更する．ただし，このアンケート用紙には，一対比較した言葉を翻訳した数値が書かれているが，これは，次の一対比較表を作るためのもので，本来は必要ない．また，○印は，一対比較を行った結果である．

アンケート用紙

左の項目 ⇩	左の項目が圧倒的に重要	（中間）	左の項目がうんと重要	（中間）	左の項目がかなり重要	（中間）	左の項目が少し重要	（中間）	左右同じくらい重要	（中間）	右の項目が少し重要	（中間）	右の項目がかなり重要	（中間）	右の項目がうんと重要	（中間）	右の項目が圧倒的に重要	右の項目 ⇩
	9	8	7	6	5	4	3	2	1	1/2	1/3	1/4	1/5	1/6	1/7	1/8	1/9	
費用							○											施設・環境
費用					○													交通の便
費用			○															スタッフの態度
施設・環境									○									交通の便
施設・環境					○													スタッフの態度
交通の便							○											スタッフの態度

一対比較表

	費用	施設・環境	交通の便	スタッフの態度	⇦アンケートの右の項目
費用	1	3	5	7	
施設・環境	1/3	1	1	5	
交通の便	1/5	1	1	3	
スタッフの態度	1/7	1/5	1/3	1	

⇧
アンケートの左の項目

図 2.2　一対比較から一対比較表を作成

第2章　AHPのしくみ

2.2.4　一対比較表

　一対比較の結果から，翻訳表によって一対比較値を求め，一対比較表を作成する（図 2.2 参照）．この一対比較表を行列の形で表記したものを一対比較行列と呼ぶが，本書では行列を用いず，一対比較表のみを使い説明する．

(1) 一対比較表のしくみ

　　図 2.2 下部の一対比較表の左側の縦の並び（列）がアンケート用紙の左の項目，表の上側の横の並び（行）がアンケート用紙の右の項目を表している．

(2) 一対比較表の対角の欄を 1 にする．

　　● 対角の欄とは，一対比較表の左上から右下にかけての斜め線上の欄である．

　　● 対角の欄には，「費用」対「費用」，「施設・環境」対「施設・環境」など，同じ項目同士の一対比較値なので，自動的に「同じくらい重要」となり，1 を記入する．

(3) 一対比較値を記入する．

　　例：「費用」と「施設・環境」の一対比較

　　●「費用」対「施設・環境」の一対比較では，「費用」のほうが「少し重要」と回答しているので，「費用」側の一対比較値は 3 である（アンケート用紙の上段の数値）．

　　● 一対比較表の「費用」の行と「施設・環境」の列の欄に 3 を記入する．

　　●「施設・環境」対「費用」は，「費用」対「施設・環境」の逆数になるので，「施設・環境」の行で「費用」の列の値は，3 の逆数 1/3 とする．記入する欄は，対角の欄と対称な位置の欄になる．

(4) 他の一対比較値も同様に，一対比較表に転記していく．

2.2.5　代替案間の一対比較

　以上の例では，基準間の一対比較であった．AHP では，代替案間の一対比較も行う．

2.2 一対比較と一対比較表

「費用」についての代替案間の一対比較を行ってみる（図2.3）．これは，各スポーツクラブについて，「費用」を基準に，各代替案がどれくらい「よい」のかで一対比較を行う．例えば，「費用」に関して，スポーツクラブAとBを比較して，「スポーツクラブAが，スポーツクラブBに対して，どちらがどれくらいよいか？」と問う．同様に，スポーツクラブAとCおよびBとCの一対比較を行う．費用に関して一対比較を行うときの注意として次の点がある．

- 「費用」に関しては，安いほうがよいという基準にしたとき，途中で「豪華なほうがよい」と考えて，金額が高いほうをよいとしてはいけない．
- 他の基準とは独立して一対比較を行わなくてはならない．スポーツクラブAとBの「費用」に関する一対比較で，「スポーツクラブAは，施設が立派で，費用がかかる．しかし，費用の差は，少しなので，施設を考慮すれば，Aのほうが安い」というような一対比較を行ってはいけない．施設の立派さは，基準「施設・環境」で換算されるので，費用の一対比較で考慮してはならない．単純に会費など費用の面だけで一対比較をしなくてはならない．

費用に対する一対比較

	左の項目が圧倒的に重要	左の項目がうんと重要（中間）	左の項目がかなり重要（中間）	左の項目が少し重要（中間）	左右同じくらい重要（中間）	右の項目が少し重要（中間）	右の項目がかなり重要（中間）	右の項目がうんと重要（中間）	右の項目が圧倒的に重要	
	9	8	7	6	5	4	3	2	1	1/2	1/3	1/4	1/5	1/6	1/7	1/8	1/9	
A									○									B
A							○											C
B									○									C

費用に対する一対比較表

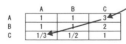

図 2.3　代替案の一対比較から一対比較表を作成

第 2 章　AHP のしくみ

　図 2.3 は，「費用」に関する各代替案の一対比較を行い，それを一対比較表
にまとめたものである．同様に，「施設・環境」「交通の便」「スタッフの態度」
に関して一対比較を行いそれぞれの一対比較表を作成する（表 2.2）．

表 2.2　代替案の一対比較表

施設・環境	A	B	C
A	1	5	1/7
B	1/5	1	1/9
C	7	9	1

交通の便	A	B	C
A	1	3	1
B	1/3	1	1/2
C	1	2	1

スタッフの態度	A	B	C
A	1	3	2
B	1/3	1	1/2
C	1/2	2	1

2.3　重み（優先度）を計算する

　本節では，一対比較表から（項目の）重みや評価値を計算するやり方を紹介
する．重み（ウェイト）はプライオリティ（優先度）とも呼ばれる．重みを計
算する方法に，固有値法と幾何平均法とがある．固有値法は最良の推定法とい
う点で優れ，幾何平均法は，電卓でも簡単に計算できることや直感的に理解で
きるという点で優れる．

2.3.1　重み（プライオリティ）計算の仮定

重みを計算するにあたって，次のように仮定する．

(1) 目的からみた基準，各基準からみた代替案には，それぞれ意思決定者の
　　主観による‘重み（評価値）’がある．
(2) 一対比較値はそれら重み（評価値）の比で決まる．

　(2)の「比で決まる」ということの意味は，表 2.1 の数値（一対比較値）は，
何倍重要であるかを表している．例えば，「費用が交通の便に比べ，かなり重要」
と回答した場合，「費用が交通の便に比べ，5 倍重要」と回答したものと考える．

2.3.2　計算法1——幾何平均法

　幾何平均法は，一対比較値の平均値を重みとする方法である．自分自身の一対比較値[†2]の平均を求める．一対比較値は比（何倍よいか）を表しているので，幾何平均を用いる[†3]．図2.4を参照していただきたい．

図2.4　一対比較値から重みを求める

(1) 「費用」の幾何平均値を求める．「費用」対「費用」＝1,「費用」対「施設・環境」＝3,「費用」対「交通の便」＝5,「費用」対「スタッフの態度」＝7の一対比較値の幾何平均値を求める．

　(a) 一対比較値の積を求める．

$$1 \times 3 \times 5 \times 7 = 105$$

　(b) 幾何平均値は，105の4乗根（4乗すると105になる数）である．その値は，

$$\sqrt[4]{105} = 105^{1/4} = 105^{0.25} = 3.2011$$

である．なお，3.2011は，$3.2011^4 = 3.2011 \times 3.2011 \times 3.2011 \times 3.2011 = 105$となる値である．

(2) 「施設・環境」の幾何平均値は，「施設・環境」の行の4つの評価値の幾何平均値である．

[†2]　自分自身を含める理由は，コラム「自分と比べての平均値」を参照（26ページ）．
[†3]　比の場合，幾何平均を用いる理由は，コラム「幾何平均」を参照（26ページ）．

(a) 一対比較値の積を求める.

$(1/3) \times 1 \times 1 \times 5 = 5/3$

(b) 5/3 の 4 乗根は,

$$\sqrt[4]{5/3} = (5/3)^{0.25} = 1.1362$$

である.

(3) 同様な方法で,「交通の便」の幾何平均値を求めると 0.8801,「スタッフの態度」の幾何平均値は 0.3124 となる.

(4) 幾何平均値をその合計で割り,合計が 1 になるような重みを求める.

$$\text{費用の重み} = \frac{3.2011}{3.2011 + 1.1362 + 0.8801 + 0.3124} = 0.5789$$

このように合計が 1 になる数値に変換することを正規化と呼ぶ.

(5) 同様に,各基準の重みを計算すると,「施設・環境」は 0.2055,「交通の便」は 0.1592,「スタッフ」の態度は 0.0565 になる.

これら幾何平均法で求めた重みは,2.3.3 項の固有値法で求めた重み 0.5803,0.2047, 0.1582, 0.0568 と比べて,その差が非常に小さく,十分な近似値といえる.

同様に,表 2.2 から,幾何平均法で,各基準に関する各代替案の重み(評価値)を計算する.計算結果は,表 2.3 のようになる.

一対比較表から幾何平均法で求めるときは,Excel の関数 GEOMEAN を用いる.スポーツクラブの計算例は,「幾何平均法一対比較(スポーツクラブ).xlsx」にある.

2.3 重み（優先度）を計算する

表 2.3 代替案間の一対比較表と幾何平均法で求めたの評価値

費用				幾何平均法による計算		
	A	B	C	積	幾何平均	評価値
A	1	2	3	6.0000	1.8171	0.5396
B	1/2	1	2	1.0000	1.0000	0.2970
C	1/3	1/2	1	0.1667	0.5503	0.1634
				合計	3.3674	1.0000

施設・環境				幾何平均法による計算		
	A	B	C	積	幾何平均	評価値
A	1	5	1/7	0.7143	0.8939	0.1734
B	1/5	1	1/9	0.0222	0.2811	0.0545
C	7	9	1	63.0000	3.9791	0.7720
				合計	5.1541	1.0000

交通の便				幾何平均法による計算		
	A	B	C	積	幾何平均	評価値
A	1	3	1	3.0000	1.4422	0.4434
B	1/3	1	1/2	0.1667	0.5503	0.1692
C	1	2	1	2.0000	1.2599	0.3874
				合計	3.2525	1.0000

スタッフの態度				幾何平均法による計算		
	A	B	C	積	幾何平均	評価値
A	1	3	2	6.0000	1.8171	0.5396
B	1/3	1	1/2	0.1667	0.5503	0.1634
C	1/2	2	1	1.0000	1.0000	0.2970
				合計	3.3674	1.0000

第 2 章　AHP のしくみ

幾何平均──なぜ，比の平均は，幾何平均を用いるのか？　COLUMN

　比の平均値を求めるときには，幾何平均を用いる．例えば，100 倍と 10000 倍の平均は，(100 ＋ 10000)/2=5050 倍ではなく $\sqrt{100 \times 10000} = 1000$ 倍である．これは，1000 倍を 2 回行った値（1000 × 1000 ＝ 1000000 倍）と 100 倍と 10000 倍した値（100 × 10000 ＝ 1000000 倍）が等しいことを意味している（$1000^2 ＝ 100 \times 10000$）．

　AHP の一対比較値は，「費用と施設・環境を比べて，どちらがどれくらいよいか」ということを問うものであった．「どれくらいよいか」の「少し」とか「うんと」は，何倍よいかを表すものであった．したがって，一対比較値は，何倍よいかを表しており，その平均値は，幾何平均を用いるのがよい．

自分と比べての平均値　COLUMN

　AHP の幾何平均法は，自分自身を含めて幾何平均をとっている．例えば，「費用」の幾何平均値は，「費用」対「費用」(1)，「費用」対「施設・環境」(3)，「費用」対「交通の便」(5)，「費用」対「スタッフの態度」(7) の幾何平均値であり，自分自身との一対比較値「1」を含んでいる．この理由を，通常の平均値（算術平均値）の場合で考えてみよう．A さん 50 kg，B さん 60 kg，C さん 70 kg，D さん 80 kg の 4 人の平均体重は (50+60+70+80)/4 ＝ 65 kg である．この計算を B さんを基準とすると，A さん － 10，C さん +10，D さん +20 となる．B さんとの平均の差異を (－ 10+10+20)/3 ＝ 6.66 kg とし，B さんの体重と平均の差異 6.66 kg の和 60+6.66 ＝ 66.66 kg を 4 人の平均値とする計算は正しくない．正しくは，B さんも計算に入れる．B さんは，自分自身を基準としているので，±0 である．したがって，4 人の平均の B さんとの差異は，(−10+0+10+20)/4 ＝ 5 kg であり，平均体重は B さんの体重と B さんからの平均の差異の和，60+5 ＝ 65 kg となる．

　幾何平均の場合も同様に自分自身を含めて計算しなくてはならない．

2.3.3 計算法2──固有値法

固有値法は，一対比較行列の固有値と固有ベクトルを求め，固有ベクトルを重みとする方法である．実際の計算は，Excel で行うことにし，ここでは，その考え方を紹介する．

■ 完璧な一対比較を行った場合

いま，4つの基準 A, B, C, D の重みが，(0.4, 0.3, 0.2, 0.1) と分かっており，それらの一対比較が，重みの比として得られる場合を考えてみよう．すなわち A 対 B の一対比較は，0.4/0.3＝4/3 である．こうして図 2.5 の一対比較表を得る．

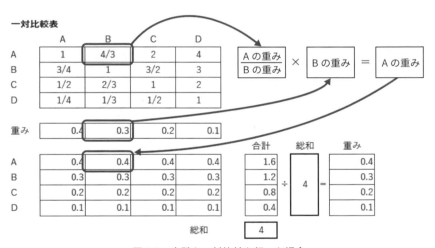

図 2.5 完璧な一対比較を行った場合

一対比較表の各行に既知の重みを掛けてみよう．例えば A の行の (1, 4/3, 2, 4) と重み (0.4, 0.3, 0.2, 0.1) の対応する要素を掛けると，

$$(1 \times 0.4, (4/3) \times 0.3, 2 \times 0.2, 4 \times 0.1)=(0.4, 0.4, 0.4, 0.4)$$

を得る．すべてが 0.4（＝A の重み）になるのは，「一対比較値＝A の重み／X の重み」に X の重み（X＝A, B, C, D）を掛けたのだから A の重みに戻って当然である．同様に B の行には B の重み（＝0.3），C の行には C の重み（＝0.2），

Dの行にはDの重み（=0.1）が並ぶ．各行の和をとると，合計欄が得られる．合計欄の総和 = 4.0 だから，これで合計を割ると重みが得られる．

このように一対比較が完璧で，しかも重みが既知の場合には，一対比較値に重みを掛けて足し合わせ，総和で割ると元の重みが得られる．

■ 完璧ではない一対比較を行った場合

人間が一対比較を行う場合，完璧な一対比較は行えない．さらに，言葉による一対比較であるので，多少のぶれがあるのはあたりまえである．図2.6の左上の一対比較表（スポーツクラブの例）は，多少のぶれを含んだものである．

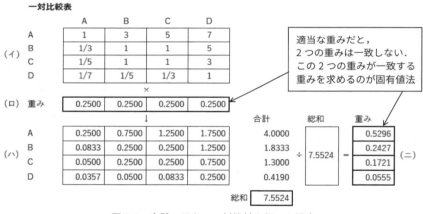

図2.6 完璧ではない一対比較を行った場合

スポーツクラブの例では，あらかじめ重みが分かっていない．分かっているのは，一対比較表の値である．図2.6のように，仮に適当な重み（費用，施設，交通，態度）=（0.25, 0.25, 0.25, 0.25）を入れてみる．

一対比較表（イ）に仮の重み（ロ）を掛ける．完璧な場合と違って，一対比較値は「Aの重み/Xの重み」（X=A, B, C, D）ではないので，これにXの重みを掛けてもAの重みは得られない．例えば，費用と施設の一対比較値3に，施設の重み0.25を掛けると0.75となり，費用の仮の重み0.25にはなっていない．同様に，他の欄も重みに一致していない（対角の欄は一致する）．（ハ）の各行の合計を求め，総和（合計の合計）を求め，これで各行の合計を割ると，重み

欄の値（ニ）が得られる．

この場合，（ニ）の重みの値と元の重み（ロ）は一致しない．

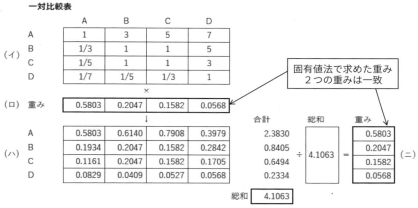

図 2.7　固有値法で求めた重みを使用した場合

AHP では，（ニ）の重みの値と元の重み（ロ）が一致する値を探し，それを重みとしている．図 2.7 は一致する重みを求め，その重みで計算したものである．完璧な一対比較の場合と同様に，（イ）と（ロ）を掛け，（ハ）を求め，その平均値を（ニ）とすると，確かに一致する．各一対比較表に対してこのような重みが存在することが知られており，それを求める方法が固有値法と呼ばれている．

一対比較表を行列と考え，数学の固有値と固有ベクトルを求めると図 2.7 のような（ニ）と（ロ）が一致する重みが求められる．この固有値のうち，最大固有値が図 2.7 の総和（4.1063）となり，重みはその固有値に対応する固有ベクトル（0.5803, 0.2047, 0.1582, 0.0568）である．

さらに，図 2.6 の（ニ）の値は（0.5296, 0.2427, 0.1721, 0.0555）は，多少図 2.7 の（ニ）の値（0.5803, 0.2047, 0.1582, 0.0568）に近い値を示している．（ニ）の値は，元の（ロ）の値よりも求める重みに近づいている．そこで，（ニ）の値を（ロ）に入れて，新しい（ニ）を求めるとさらに求める（ニ）に近づく性質がある．このような方法で固有ベクトルを求めるのがべき乗法と呼ばれる固有ベクトルの求め方である．Excel での計算は 8.1 節で述べる．

第 2 章　AHP のしくみ

2.3.4　代替案間の一対比較と評価値

　同様に，表 2.2 の一対比較表から，固有値法で各基準に関する代替案の重み，評価値を計算することができる．計算結果を表 2.4 に示す．

表 2.4　固有値法で求めた各代替案の評価値と固有値

	費用	施設・環境	交通の便	スタッフの態度
A	0.5396	0.1734	0.4434	0.5396
B	0.2970	0.0545	0.1692	0.1634
C	0.1634	0.7720	0.3874	0.2970
固有値	3.0092	3.2085	3.0183	3.0092

2.4　総合評価値の計算──加重和による計算

　各代替案の評価値と重みから総合化し，総合評価値を求める計算は，加重和である．スポーツクラブの例題での総合評価値の計算例を図 2.8 に示す．

各代替案の評価値表

	代替案	費用	施設・環境	交通の便	スタッフ
（イ）	A	0.5396	0.1734	0.4434	0.5396
	B	0.2970	0.0545	0.1692	0.1634
	C	0.1634	0.7720	0.3874	0.2970

×

	重み	0.5803	0.2047	0.1582	0.0568
（ロ）					

		費用	施設・環境	交通の便	スタッフ		総合評価値	
（ハ）	A	0.3131	0.0355	0.0701	0.0306	→	0.4494	（ニ）
	B	0.1723	0.0112	0.0268	0.0093	合計	0.2196	
	C	0.0948	0.1580	0.0613	0.0169		0.3310	

図 2.8　総合評価値の計算

(1) 図 2.8 の（イ）のような各代替案の一対比較の結果をまとめた表を作成する．

(2) 各基準の重みを記入する（ロ）．

(3) 各代替案の表の値に重みを掛けた表を作成する（ハ）．

(4)（3）で作成した表の各行の合計を求め，それを総合評価値とする（ニ）．

式で書くと，例えば，スポーツクラブ A の総合評価値は，
 0.5803 × 0.5396 + 0.2047 × 0.1734 + 0.1582 × 0.4434
 + 0.0568 × 0.5396 = 0.4494
となる．

2.5　グラフ化による結果の解釈・考察

　AHP では，基本的には，代替案の総合評価値が高い順に優先される．スポーツクラブの例では，A，C，B の順に優先され，A が選択される．どのような構造で，代替案が選択されるのかを調べることも重要である．

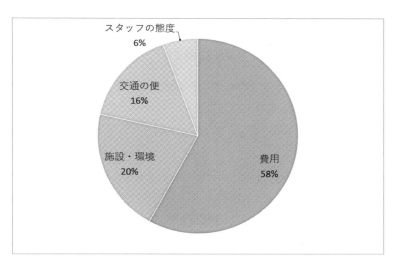

図 2.9　各基準の重要度の円グラフ例

　図 2.9 は，スポーツクラブの例での各基準の重要度（固有値法）を円グラフにしたものである．この意思決定者は費用に大きな重みをおいていることが分かる．

第2章 AHPのしくみ

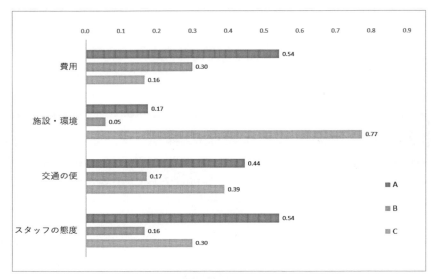

図 2.10　各評価値の集合棒グラフの例

図 2.10 は，スポーツクラブの例での各基準について各代替案を一対比較した例である．

- 費用については A，施設・環境については C が大きく他の代替案を離して 1 位であることが分かる．
- スポーツクラブ A は，4 つのうち 3 つの基準で最高の評価値を得ており，多くの場合，A が選択される．
- B はすべての基準で，A より評価値が低く，この場合，どのような基準の重要度でも選択されない（総合評価値で 1 位にならない）代替案であることが分かる．

2.5 グラフ化による結果の解釈・考察

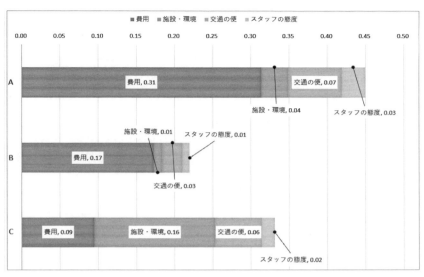

図 2.11　総合評価値のグラフの例

図 2.11 のグラフから次のようなことが分かる．

- この AHP では費用が大きな重みを占めており，費用に関して高い評価値を得ているスポーツクラブ A が第 1 位を占めている．
- スポーツクラブ C は，「施設・環境」で大きな評価値を得ている．「施設・環境」の評価値だけでは，C が最も高い．「施設・環境」の重みが高い場合，スポーツクラブ C が選択される可能性がある．
- 「交通の便」「スタッフの態度」は，大きな重みは占めていないが，スポーツクラブ A は，この 2 つの基準でも他の 2 つのスポーツクラブより高評価値を得ている．

第 2 章　AHP のしくみ

2.6　整合度（C.I.）

　一対比較を行うことにより，その回答に大きな不整合がある場合がある．例えば，「費用」に関して一対比較を行ったとき，「スポーツクラブ A が B よりもよく」（イ），「B が C よりもよく」（ロ），そして「C が A よりもよい」（ハ）と回答したとしよう．この回答は，明らかに矛盾している．回答（イ），（ロ）から，A が C よりよいのは明らかなのに，（ハ）で，C が A よりもよいと答えている．これは，じゃんけんのように三すくみの関係になっている．このような回答から重み・評価値を求めても信頼性は低い．ここまで極端に矛盾した回答でなくても，多少，矛盾する回答も多い．そこで，回答の信頼性を測る尺度として，整合度を定義する．

2.6.1　考え方

　完璧な一対比較の場合（図 2.5），固有値は項目数（基準数または代替案数）に等しくなった．経験的ではあるが，不整合性が大きくなるにつれ，固有値は，大きくなる傾向がある．そこで，整合度 C.I.（consistency index）を，

$$\text{C.I.} = \frac{\text{固有値} - \text{項目数}}{\text{項目数} - 1}$$

で定義する．「固有値 − 項目数」としたのは，整合的なとき（完璧な一対比較を行ったとき）0 になるようにし，「項目数 −1」で割ったのは，項目数が大きくなると固有値の値が大きくなる傾向があるためである [4]．

　一対比較表が整合的であればあるほど C.I. は小さくなり，C.I. が小さければ一対比較表は整合的である．

　スポーツクラブの基準間の一対比較の例では，固有値は 4.1063 で，項目数は 4 であるので，

---

[4]　なお，なぜ「項目数 − 1」で割るのかという理由については本書ではふれない．

$$\text{C.I.} = \frac{\text{固有値} - \text{項目数}}{\text{項目数} - 1} = \frac{4.1063 - 4}{4 - 1} = 0.0354$$

となる．同様に，代替案間の一対比較の整合度 C.I. を計算すると表 2.5 のようになる．

表 2.5　代替案間の一対比較の整合度 C.I.

基準	固有値	項目数（代替案数）	C.I.
費用	3.0092	3	0.0046
施設・環境	3.2085	3	0.1042
交通の便	3.0183	3	0.0091
スタッフの態度	3.0092	3	0.0046

2.6.2　整合度の評価

では，整合度がどらくらいまでだったら整合的といえるのだろうか？

$$\text{C.I.} \leqq 0.10 \sim 0.15$$

ならば，一対比較は整合的だと認めてよいとされている．0.10 と 0.15 の間はあいまいな部分で，もし対処ができるのならば対処し，できない場合はその一対比較を利用することになる．

スポーツクラブの基準の一対比較の例では，C.I. = 0.0354 であるので，整合的であるといえる．代替案間の一対比較の場合（表 2.5），「施設・環境」を除いて整合的である．

整合的でない場合（C.I. が 0.1 または 0.15 より大きいとき）の対処法は，一対比較をやりなおしてみることが基本である．したがって，「施設・環境」の代替案間の一対比較は，できればやりなおしてみたほうがよい．確かに C.I. は 0.10 を越え，やや大きいが，その影響は「施設・環境」のウェイト 0.2047 の範囲内におさまる．いわば，コップのなかの嵐であり，その意味ではやりなおさなくてもよいかもしれない．

やりなおしができない場合とかやりなおしてみても整合的でない場合の対処法は，4.4 節で論じる．

第 2 章　AHP のしくみ

2.7 階層構造（再び）

　以上で，AHP のしくみは，おおよそ理解していただけたと思う．次章では，簡単な例を示し，第 4 章で，実際にモデルを作成し，パソコン（Excel）を使って，計算をしてみる．よい結果を得ることができるかどうかのカギは，階層構造を適切に作ることができるかどうかにある．結果が思わしくない，満足できないのは，不適切な階層構造が原因であることが多い．そうした場合には，階層構造を作りなおすべきである．

　そこで，階層構造，特に基準の設け方の注意を述べておこう．基準を設けるにあたって大切なことは，

(1) 基準は互いに（ほぼ）独立でなければならない．

(2) 各基準が二重の意味・方向性をもっていてはならない．

の 2 点である．

　(1) は，同じような基準を入れてはいけないということである．例えば，「施設・環境」と「豪華さ」を入れてはいけない．両方とも同じ部分を評価しているからである．

　(2) は，基準の意味をはっきり決めることである．例えば，「費用」は，安ければ安いほどよいという基準としている．しかし，一対比較の途中で，「この価格は安すぎるので，もっとランクの上のスポーツクラブがよい」と考え，安い代替案を低く評価してはいけない．一貫した基準で一対比較を行うこと．

　スポーツクラブの例は，問題が比較的簡単なので，「目的 − 基準 − 代替案」という最も単純な 3 層の階層図ですむ．問題によっては，基準を多層化した階層図になることもある．それらは，第 6 章で論じる．

第3章

簡単な事例

　本章では，単純な3層の階層構造をもつAHPの作成例を紹介する．例題は，「中国茶選び」と「家庭菜園で育てる野菜選び」である．これらの例題を参考に，ぜひ，自分のモデルを作成し，Excelを使って計算していただきたい．

3.1 中国茶選び

Tさんは，最近，中国へ旅行し，中国茶の美味しさに目覚めた．帰りに，さまざまな中国茶が少量ずつ入ったセットを購入し，帰国後，それらを楽しんでいる．中国茶を購入したく，そのセットのなかから最も気に入った中国茶を選んで，ネット通販で購入しようと考えている．そこで，図3.1のような階層図を作成し，AHPで中国茶の銘柄を選択することにした．

図 3.1　中国茶選びの階層図

基準は，次の4つである．

香り　　中国茶の楽しみの大きな要素で，Tさんは，この香りに惹かれて中国茶に目覚めた．香りといっても，中国茶の種類によって，その香りの種類が異なる．そこで，ここではTさんの好き嫌いで，一対比較を行った．

味　　　味も楽しみの大きな要素である．これも中国茶の種類によって異なり，Tさんの好き嫌いが大いに反映されている．味は香りにも影響されるので，できるだけ，香りに影響を排除するようにして一対比較を行った．

色　　　きれいな色のお茶がよい．まず，色でお茶を楽しみたい．

価格　　よい中国茶は，やはり価格が高い．できたら，あまり出費をしたくない．インターネットなどで，100gあたりのおおよその価格を調べて比較した．安いものをよいとした．

代替案は，セットのなかにあった次の 4 つの銘柄の中国茶とした．

鉄観音		半発酵の青茶で，100 g あたり 2,000 円くらいである．
大紅袍		青茶で，100 g あたり 5,300 円くらいである．
普洱 _{プーアール}		黒茶で，100 g あたり 1,300 円くらいである．
龍井 _{ロンジン}		緑茶で，100 g あたり 4,000 円くらいである．

基準間の一対比較を表 3.1 と図 3.2 に示す．予想どおり，価格が第 1 位(38％)，香りが第 2 位（31％）となった．T さんが中国茶を好むようになった原因が香りにあったので，この基準の重みには納得できた．もし別の決定者なら味のほうを重視したかもしれない．

表 3.1　基準間の一対比較表

基準間	香り	味	色	価格	重み
香り	1	2	5	1/2	0.3143
味	1/2	1	4	1	0.2473
色	1/5	1/4	1	1/5	0.0630
価格	2	1	5	1	0.3754
				C.I.	0.0574

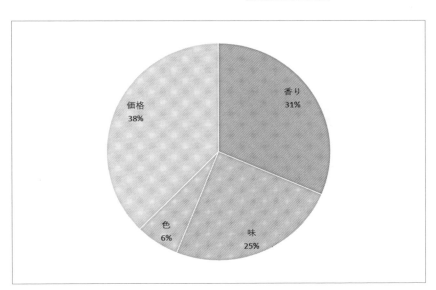

図 3.2　重要度の円グラフ（中国茶選び）

第3章　簡単な事例

代替案間の一対比較を表3.2に示す.

表3.2　代替案の一対比較表

香り	鉄観音	大紅袍	普洱	龍井	評価値
鉄観音	1	1/3	7	5	0.2955
大紅袍	3	1	7	7	0.5644
普洱	1/7	1/7	1	1/4	0.0444
龍井	1/5	1/7	4	1	0.0958
				C.I.	0.1031

味	鉄観音	大紅袍	普洱	龍井	評価値
鉄観音	1	1/4	3	3	0.2505
大紅袍	4	1	3	3	0.5075
普洱	1/3	1/3	1	3	0.1528
龍井	1/3	1/3	1/3	1	0.0892
				C.I.	0.1348

色	鉄観音	大紅袍	普洱	龍井	評価値
鉄観音	1	3	5	5	0.5283
大紅袍	1/3	1	5	5	0.3050
普洱	1/5	1/5	1	1/3	0.0610
龍井	1/5	1/5	3	1	0.1057
				C.I.	0.1031

価格	鉄観音	大紅袍	普洱	龍井	重み
鉄観音	1	6	1/3	5	0.3041
大紅袍	1/6	1	1/7	1/3	0.0502
普洱	3	7	1	5	0.5462
龍井	1/5	3	1/5	1	0.0995
				C.I.	0.0747

3.1 中国茶選び

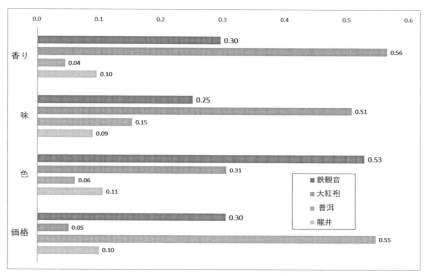

図 3.3　各基準の個別評価値のグラフ（中国茶選び）

　図 3.3 は，表 3.2 の一対比較から作成したものである．鉄観音は色，大紅袍は香りと味，普洱は価格で高い評価値を得ているが，龍井に関しては特に高い評価値の基準はない．鉄観音は基準間でまんべんなく高い評価値である．

■ 結論

　表 3.3 や図 3.4 のように，大紅袍が 1 位になった．多少価格は高いが，香りと味がよい．T さんは，大紅袍を念頭において中国茶を購入しようかと思ったが，少し値が張りすぎる．少し考えて，総合評価値がわずか（4%）だけしか低くない鉄観音をあわせて購入することにした．そこで，大紅袍を少量と鉄観音を購入することにした．

表 3.3　中国茶選び総合化

総合化	香り	味	色	価格	総合評価値
鉄観音	0.0929	0.0619	0.0333	0.1142	0.3023
大紅袍	0.1774	0.1255	0.0192	0.0188	0.3410
普洱	0.0139	0.0378	0.0038	0.2050	0.2606
龍井	0.0301	0.0221	0.0067	0.0373	0.0962

41

第3章 簡単な事例

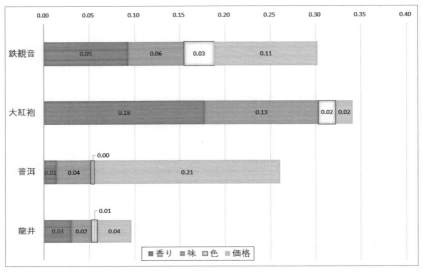

図 3.4　中国茶選びの結果

3.2　家庭菜園

Aさん（高萩ゼミの卒業生）は，ベランダで植木鉢を使用した家庭菜園で野菜を育てようと思った．そこで，6つの野菜のなからどの野菜を育てようかAHPで考察することにした．階層図を図3.5に示す．

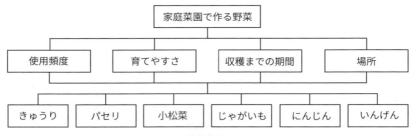

図 3.5　家庭菜園の階層図

基準は次の4つを選んだ.

使用頻度	Aさんが普段，料理で使う野菜を作りたい.
育てやすさ	簡単に育てられるか？
収穫までの期間	育て始めてから収穫するまでの期間．短い方がよい.
場所	使用する植木鉢の大きさや成長したときの大きさ．あまり場所をとらない作物がよい.

代替案は次の6つを選んだ.

きゅうり	収穫期間は60～90日．植木鉢は大きめのものが必要．寒さに弱い.
パセリ	収穫期間は約50日．日陰でも育てることができる.
小松菜	収穫期間は約30日．暑さや寒さに強く，1年中耕作可能.
じゃがいも	収穫期間は約90日.土の中で育つので大きめの植木鉢が必要.
にんじん	収穫期間は約100日．深めの植木鉢が必要
いんげん	収穫期間は50～60日．寒さ，暑さともに弱い.

基準間の一対比較を表3.4と図3.6に示す．だいたい予想どおりで，「育てやすさ」が第1位（42％），使用頻度が第2位（30％）となった．各基準で代替案を一対比較し，その評価値を求めた.

表3.4 基準間の一対比較表

家庭菜園	使用頻度	育てやすさ	収穫間での期間	場所	重み
使用頻度	1	1/2	3	2	0.2974
育てやすさ	2	1	2	4	0.4193
収穫までの期間	1/3	1/2	1	3	0.1858
場所	1/2	1/4	1/3	1	0.0975
				C.I.	0.0785

第 3 章　簡単な事例

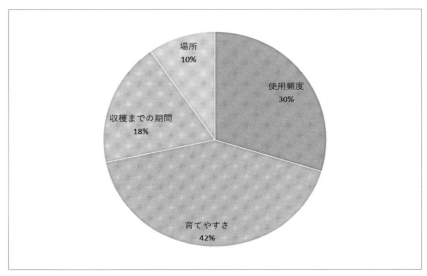

図 3.6　重要度の円グラフ（家庭菜園）

表 3.5　各基準での評価値（上段），重み×評価値（下段）と総合評価値

基準 重み	使用頻度 0.2974	育てやすさ 0.4193	収穫までの期間 0.1858	場所 0.0975	順序 総合評価値
きゅうり	0.2497 (0.0743)	0.0449 (0.0188)	0.0851 (0.0158)	0.1320 (0.0129)	④ 0.1218
パセリ	0.0440 (0.0131)	0.1776 (0.0745)	0.1995 (0.0371)	0.2802 (0.0273)	③ 0.1519
小松菜	0.1516 (0.0451)	0.3066 (0.1285)	0.4650 (0.0864)	0.2475 (0.0241)	① 0.2842
じゃがいも	0.3801 (0.1130)	0.1882 (0.0789)	0.0517 (0.0096)	0.0683 (0.0067)	② 0.2082
にんじん	0.1049 (0.0312)	0.1812 (0.0760)	0.0363 (0.0067)	0.0683 (0.0067)	⑤ 0.1206
いんげん	0.0696 (0.0207)	0.1015 (0.0426)	0.1625 (0.0302)	0.2037 (0.0199)	⑥ 0.1133

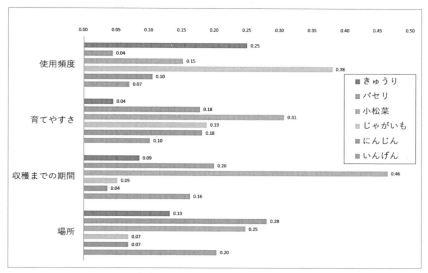

図 3.7　各基準の個別評価値のグラフ（家庭菜園）

　図 3.7 は，各基準の個別評価値のグラフである．使用頻度と収穫までの期間は大きな差異がある．小松菜が，育てやすさと収穫までの期間で第 1 位であり，それらを重要視するのであれば，小松菜が第 1 位になる可能性が高い．

■ 結論

　総合評価値のグラフを図 3.8 に示す．育てやすさと収穫までの時間の短さが貢献して，小松菜がトップになった．使用頻度を重視するとじゃがいもがトップだが，収穫までの時間の長さ，場所などの関係で第 2 位となった．

第 3 章　簡単な事例

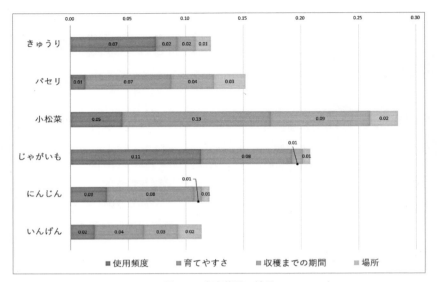

図 3.8　家庭菜園の結果

第4章

Excel で計算してみよう

　本章では，Excel を使って，AHP の計算を行う．説明は，第 2 章で例にした「スポーツクラブの選択」を使うが，ぜひ，読者自身で AHP のモデルを作成し，本章の説明を参考に，自分で計算していただきたい．

第 4 章　Excel で計算してみよう

4.1　準備と概要

　本章では，オーム社の Web サイトからダウンロードできる，Excel ファイル AHPCalc.xlsx を利用する．このファイルは，マクロや Excel 特有の機能は使用せず，他の表計算ソフトウェア（Google スプレッドシートなど）でも，できるだけ同じように動作するように作成している．また，スポーツクラブの選択（AHPCalc_Ex_SportClub.xlsx），中国茶選び（AHPCalc_exChineseTea.xlsx），家庭菜園（AHPCalc_exVegetable.xlsx）の計算例もダウンロードしたファイルに含まれている．

■ AHPCalc.xlsx のシート概要

アンケート用紙　一対比較のためのアンケート用紙を作成する．このシートを印刷して，一対比較を行うことができる（4.2 節で説明）．

pc_n　　　　　一対比較表を入力して，固有値法で重みや評価値を計算する．整合度が低いとき修正の候補を示す機能もある（4.4 節で説明）．一対比較値はプルダウンメニューで選択．

pc_n_di　　　シート「pc_n」のプルダウンメニューで入力する一対比較値を直接入力するもの．

総合評価　　　基準数と代替案数を入力すると，総合評価値を計算するための計算式が設定された表．重みの計算で計算した重みや評価値を転記し，総合評価値を計算する．また，その表から簡単にグラフを作成できる（4.3 節と 4.5 節で説明）．

　各シートは連携せず独立しているので，必要なシートだけ使うことができる．また，一対比較から重みの計算など 1 つのモデルで複数の計算を行う場合，シートを複写して利用する．AHP で分析するとき，「アンケート用紙」「pc_n」「pc_n_di」「総合評価」の 4 つのシートはさまざま場面で利用できる．アンケート結果や重みの計算結果は，手入力やコピーアンドペーストで，別の表に転記する．また，マクロを使って計算する方法は 7.5 節で述べる．

48

各シートで，背景が水色のセルは，利用者が入力するセルである．

4.2 アンケート用紙の作成

AHPCalc.xlsx のシート「アンケート用紙」を使い，一対比較のアンケート用紙を作成する．この節で作成したアンケート用紙は，一対比較結果を手書きで記入し，各一対比較値をシート「pc_n」に入力して使うためのものである．他のシートと連携して使う方法は 7.1 節で述べる．

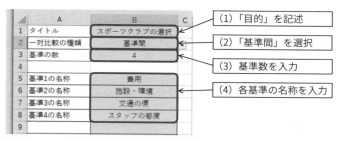

図 4.1　アンケート用紙（基準間）の作成

図 4.1 は，「スポーツクラブの選択」の基準間の一対比較用紙の作成例である．以下のセルに，必要な設定をする．水色のセルが入力を行うセルである．

- セル B1　この用紙のタイトルをつける．例えば，「スポーツクラブの選択」と入力すると，アンケート用紙のタイトルとして「スポーツクラブに関する一対比較」と表示する．代替案間の一対比較の場合，基準名を記入する．
- セル B2　基準間の一対比較か代替案間の一対比較かを選択する．基準間にした場合，一対比較のことばが「重要」になり，代替案間の場合「よい」になる．
- セル B3　基準または代替案の数を入力する（2 以上 7 以下）．セル B5 からセル B10 の基準または代替案の名称を入力する．

以上の作業で自動的にアンケート用紙が作成される．下方にアンケート用紙

が表示されるので，アンケート用紙の部分（図2.2（19ページ）の上のようなアンケート用紙）が印刷される．

代替案間の一対比較用に代替案間のアンケート用紙を作成する．作成するにあたり，基準間のために作成したシート「アンケート用紙」を複写して利用する．

シートの複写方法
(1) シート名（アンケート用紙）を右クリックし，「移動またはコピー」を選択．
(2) 「コピーを作成する」にチェックを入れて，「OK」をクリック．
(3) シート名を「代替案間アンケート」に変更する．

代替案間の場合，図4.2のように設定する．セルB1に対象の基準名，セルB2を「代替案間」に設定する．セルB3，セルB5からセルB11も，基準間と同様に入力する．図2.3(21ページ)の上のようなアンケート用紙が作成される．

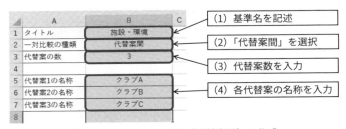

図4.2　アンケート用紙（代替案間）の作成

他の基準の代替案間のアンケート用紙を作成するには，このシートを複写して，基準名（タイトル，セルB1）を変更して利用する．

4.3 総合評価値計算表を作成

重みや評価値を計算する前に，重みや評価値を記録する表を，シート「総合化」を使って作成する．図 4.3 は，「スポーツクラブの選択」の例での設定である．

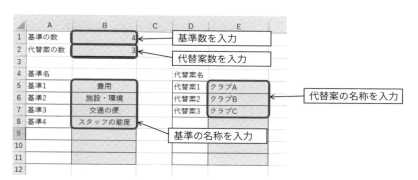

図 4.3　総合化の入力表・計算表の作成

　　セル B1　　　　　基準の数を入力する．
　　セル B2　　　　　代替案の数を入力する．
　　セル B5 〜 B11　 基準の名称を入力する．
　　セル E5 〜 E11　 代替案の名称を入力する．

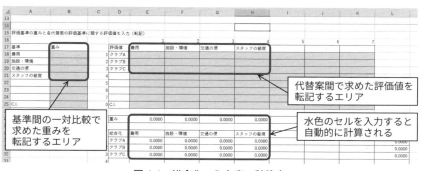

図 4.4　総合化の入力表・計算表

第 4 章　Excel で計算してみよう

次の 4.4 節の重みの計算を使って，各基準の重み，各代替案の評価値を計算し，水色のセルの部分に転記していく．

4.4　重みの計算（基準間）

ここでは，「スポーツクラブの選択」の基準間の一対比較の例について説明する（図 4.5）．シート「pc_n」を選択する．

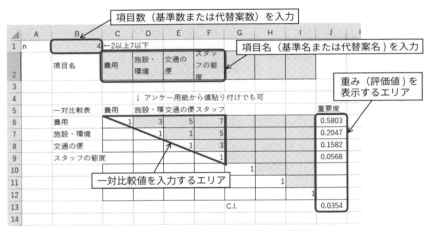

図 4.5　重要度（重み，評価値）の計算表

セル B1　　　一対比較項目数（基準間の一対比較の場合は基準の数，代替案間の一対比較の場合は代替案の数）を入力する．

セル C2 〜 I2　項目名（基準名または代替案名）を入力する．

セル D6 〜 I11　アンケート用紙の一対比較値を入力する．水色のセルの部分をプルダウンリストから選択する．一対比較表の右上の部分だけ入力する．対角部分と左下の部分は自動で計算される．

セル J6 〜 J12　重要度（基準の重みまたは評価値）が表示される．

セル J13　　　整合度（C.I.）が表示される．

列 L より右　　計算用エリア.

　一対比較値に，1/9, 1/8, …, 1/2, 1, 2, …, 8, 9 の 17 段階以外の値を設定した
い場合は，シート「pc_n_di」を利用する．ただし，分数表記で入力するときは，
「=1/3」のように，「=」を付けて入力する．

　整合度が低い場合，警告が表示される．

● C.I. が 0.15 より大きい場合

　C.I. の欄が赤色で表示される．一対比較をやりなおしてみたほうがよい．

● C.I. が 0.1 より大きく 0.15 以下の場合

　C.I. の欄が黄色で表示される．できれば，一対比較を見なおしたほうがよい．

　C.I. の値が高く（悪く）ても，重みが正しい場合もある．したがって，かならず，
C.I. が 0.1 もしくは 0.15 以下でなくてはならないというものではない．あまり，
C.I. の値に振り回されず，納得がいく重みを求めることが重要である．C.I. が
悪い原因の一対比較値を知りたい場合，シート下のセル範囲 B35：I41 を参照
する．可能性の高い場所がオレンジ色のセルに変化している．ただし，場合に
よって 1 つもなかったり，複数あったりする．

第4章 Excelで計算してみよう

4.5 評価値の計算（代替案間）

代替案間の一対比較も同様に行う．シート「pc_n」をコピーして使う（シートの複写方法は，4.2節の「シートの複写方法」を参照）．図4.6のように計算する．

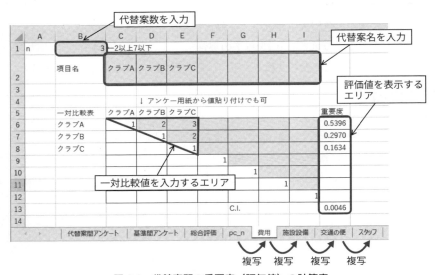

図4.6　代替案間の重要度（評価値）の計算表

4.6 総合化

　総合化は，各重みを計算したシートの値をコピーして値貼り付けをすることにより，作成していく．

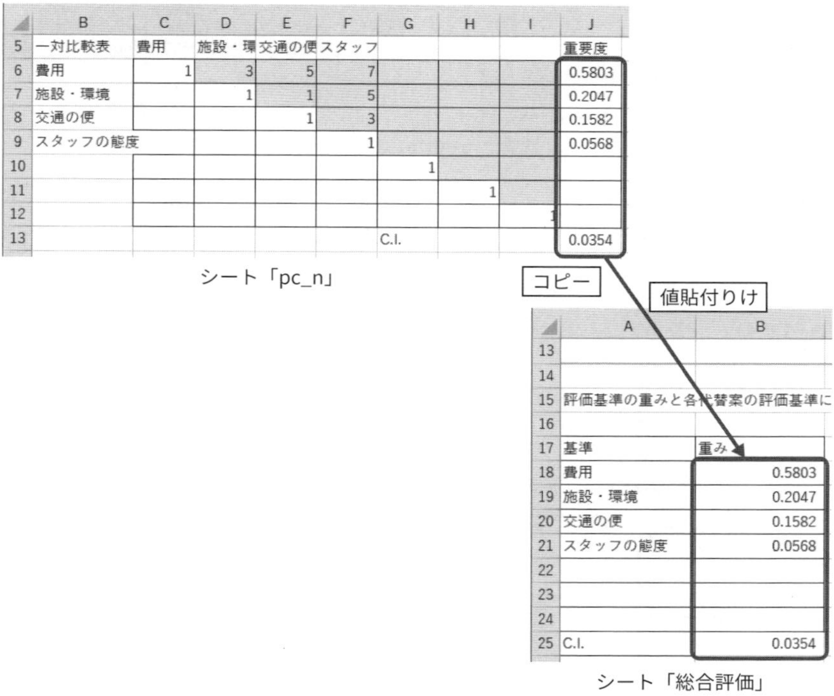

	B	C	D	E	F	G	H	I	J
5	一対比較表	費用	施設・環境	交通の便	スタッフ				重要度
6	費用	1	3	5	7				0.5803
7	施設・環境		1	1	5				0.2047
8	交通の便			1	3				0.1582
9	スタッフの態度				1				0.0568
10						1			
11							1		
12									
13						C.I.			0.0354

シート「pc_n」

コピー　　　　　値貼付けりけ

	A	B
13		
14		
15	評価基準の重みと各代替案の評価基準に	
16		
17	基準	重み
18	費用	0.5803
19	施設・環境	0.2047
20	交通の便	0.1582
21	スタッフの態度	0.0568
22		
23		
24		
25	C.I.	0.0354

シート「総合評価」

図 4.7　基準の重要度の転記

図 4.7 のように，基準の重要度の値をシート「総合評価」に転記していく．

(1) シート「pc_n」を選択．

(2) J6：J13 を範囲指定しコピー．

(3) シート「総合評価」を選択．

(4) B18 を右クリックし，「貼り付けのオプション」のなかの「値」（「123」の印が付いたアイコン）を選択する．

同様に，各基準についての代替案間の重要度（評価値）を「総合評価」に転記していく．

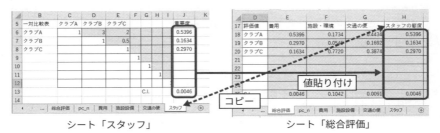

図 4.8　各基準についての代替案の評価値の転記

図 4.8 のように，各基準のシートの重要度のセル（J6：J13）をコピーし，シート「総合評価」の D17:K25 の対応する列に「値貼り付け」で複写していく．

基準の重要度と各代替案の値の複写が終了すると，図 4.9 のように総合評価値が自動で計算される．

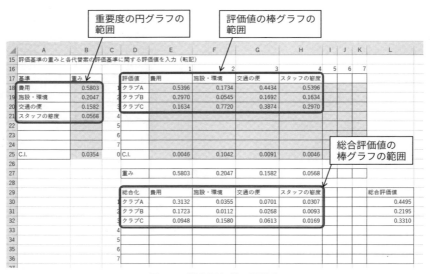

図 4.9　総合評価値の計算表

4.7　グラフによる可視化

　AHPによる結果の考察には，グラフによる可視化が欠かせない．グラフ化により，いままでみえなかった意思決定者の考え方や意思決定の過程を捉えることができる．

■ 基準の重要度の可視化（円グラフ）

　図2.9（31ページ）のような円グラフを提示することにより，意思決定者の重要度を可視化できる．作成の手順は次のとおりである．

(1) 図4.9の「重要度の円グラフの範囲」を範囲指定する．

(2) リボンから「挿入」→「グラフ」の中の「円またはドーナッツグラフの挿入」→「円」をクリック．

■ 基準ごと代替案の評価値の可視化（集合棒グラフ）

　図2.10（32ページ）のような各基準について，各代替案の評価値を比較するグラフを作成する．

(1) 図4.9の「評価値の棒グラフの範囲」を範囲指定する．

(2) リボンから「挿入」→「縦棒／横棒グラフの挿入」→「集合横棒」をクリック．

■ 代替案ごとの基準の評価値の可視化（集合棒グラフ）

　図4.10は，代替案ごとに，各基準の評価値を比較するグラフである．このグラフより，スポーツクラブBは，すべての基準の評価値でスポーツクラブAに劣り，総合評価値が1位になることはない代替案であることが分かる．したがって，スポーツクラブAかCのどちらかが重要度の一対比較結果により1位になることが分かる．

　スポーツクラブAは，施設・環境がやや劣る以外ほぼ同じ値の評価値であり，スポーツクラブCは，施設・環境が飛び抜けてよい評価値である．したがって施設・環境の重要度によって，総合評価値が1位の代替案が異なることが分かる．

また，スポーツクラブAはまんべんなくほどほどの評価値であるのに対して，スポーツクラブCは，施設・環境はきわだってよい評価値であるが，他の基準の評価値は低い．人間の商品やサービスの選択では，まんべんなくよい代替案を選ぶ傾向があり，このことを評価してスポーツクラブAがよいこともある．このような評価法については，第9章のHFIという総合評価法で考えてみる．

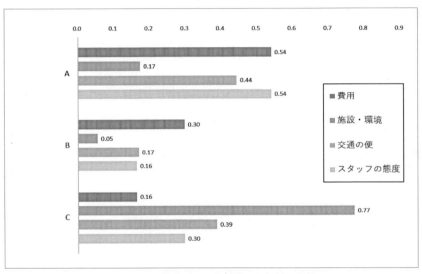

図4.10　代替案ごとの各基準の評価値の比較

図2.10と図4.10のグラフは，「データの選択」の「行／列の切り替え」で作成できる．Excelで作成するうえで，図2.10のように縦軸が基準，凡例が代替案になるか，図4.10のように縦軸が代替案，凡例が基準になる場合がある．2つのグラフの切り替えは次のように行う．

「行／列の切り替え」方法
(1) グラフの内部を右クリック→「データの選択」をクリック．
(2)「行／列の切り替え」ボタンをクリック→「OK」をクリック．

■ 総合評価値の可視化（積み上げ棒グラフ）

図2.11(33ページ)のようなグラフを作成し，総合評価値の大きさを比較する．また，積み上げ棒グラフにすることにより各基準を要因として，なぜその代替案が1位になるのかを分析できる．

図2.11では，スポーツクラブAが1位になっており，費用が大きく貢献していることが分かる，実際，図2.9の円グラフでは費用の重要度が58%で，図2.10のグラフでは費用の評価値が一番高く0.54である．図2.11のスポーツクラブAの費用の値0.31は0.58 × 0.54で計算される．

スポーツクラブCは2位で，施設・環境は0.16で大きいが，費用や交通の便はAに劣り，1位とはならなかった．

(1) 図4.9の「総合評価値の棒グラフの範囲」を範囲指定する．
(2) リボンから「挿入」→「縦棒／横棒グラフの挿入」→「積み上げ横棒」をクリック．

　注意：縦軸が基準，凡例が代替案になった場合は，上記の「「行／列の切り替え」方法」で入れ替える．また，範囲指定で，「総合評価値」の列（列L）を範囲に含めてはいけない．

縦軸の棒の順番の入れ替え

Excelの棒グラフでは，代替案，基準の表示順は，最後の項目が一番上にくる逆順になる．これを元の順番にするには，次のようにする．

(1) 縦軸の項目名を右クリックし，「軸の書式設定」を選択．
(2) 軸の書式設定の軸のオプションが表示される．
(3) 「軸を反転する」のオプションボタンにチェックを入れる．

■ 階層図の作成

階層図は，ドローソフトウェアなどでも作成できるが，Excelのシートのマス目を使うと簡単に作成できるので紹介する．完成例を図4.12に示す．

なお，組織図などの階層図を作成するソフトウェアを利用する方法もあるが，AHPの階層図の階層関係をうまく図化できないことが多い．

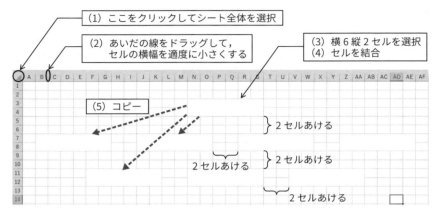

図 4.11 階層図の作成マス目の配置

作成手順

(1) 図 4.11 の左上の部分をクリックしてシート全体を選択する．
(2) 列名の間の線をドラッグして，セルの横幅を狭くする（正方形程度）．
(3) 横 6 セル縦 2 セルを選択し，目的や基準名，代替案名を表示するエリアにする(縦横とも偶数のセル数がよいので，横 4 セルでも 8 セルでもよい)．
(4) 選択した範囲のセルをセルの結合で 1 つのセルにする．
 リボンから「ホーム」→「配置」のなかの「セルを結合して中央揃え」を選択．
(5) この結合したセルをコピーして他の基準名や代替案名を入力するエリアにする．ただし，エリア同士の間隔は 2 セル程度あける．
(6) 図 4.12 のように罫線を入力する．
 リボンから「ホーム」→「フォント」→「罫線」タブ→「線」の「スタイル」で，太めの罫線を選択．
(7) マウスのクリックで罫線を引きたい部分をクリックしていく．
(8) 目的名や基準名，代替案名を入力する（図 4.12 の状態）．
(9) 不要な枠線を消す．
 リボンから「表示」→「表示」のなかの「目盛線」のチェックを外す．

4.7 グラフによる可視化

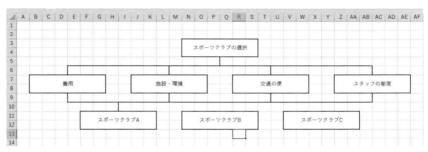

図 4.12　階層図の完成例

第5章

AHP をうまく
使いこなすには

　前章までの説明で階層分析法（AHP）の使い方のあらましは分かってもらえたと思う．だが，AHP を本当にうまく使いこなそうとすれば，ちょっとしたコツを会得していただいたほうがよい．それらは AHP の基本に基づいたコツである．「彼を知り己を知れば百戦殆うからず」（孫子）というわけである．例えば，

　（1）階層構造を作るときの注意点は何か

　（2）どの基準を選びどの基準を捨てる（選ばない）か

　（3）基準が独立であること，単義的であることをどう保証するか

などである．

　だがそのまえにもっと大切なことがある．それは AHP がそもそもだれのために，何のために使われるかということである．ある個人がたった1回使ってそれでおしまいという場合もあるし，複数のひとが繰り返し使う場合とがある．どう使われるかによって，AHP の設計が違って当然だからである．

第 5 章　AHP をうまく使いこなすには

5.1　AHP を始めるまえに

　AHP を始めるまえに考えておくべきことについて述べよう．もちろん，そう難しく考えることはないが，一度きちんと整理しておいて損はないと思う．まとめると以下のようになる．

（1）だれのための，何のための AHP か

　　意思決定は大きく個人の意思決定と集団の意思決定とに分かれる．そこで意思決定の手法である AHP もまた，個人の意思決定のためのものと，集団の意思決定のためのものとに分かれる．そして，個人（グループを含む）のための AHP には，特定の個人のためのもの（専用型）と不特定多数のためのもの（汎用型）とがある．こうした違いが AHP の作り方に影響するのは当然のことだろう．

（2）階層構造をどう作るか

　　よい結果を得るには目的に合った適切な階層図が必要である．階層構造が不適切ならばよい結果は得られないが，もし階層図がよければ，問題はほとんど解決したも同然である．

（3）基準をどう選ぶか，基準の独立性や単義性をどう保証するか

　　階層図をどう作るかは，基準をどう選ぶかと同じことである．基準について求められるのは，互いに独立であること，単義的であることなどである．

　これらの点についてもう少し詳しくみてみよう．

5.1.1　だれのための，何のための AHP か

　意思決定——AHP を含めて——が個人のためのものと集団・組織のためのものとに二分されるのは，意思決定における主観の位置付けが違うからである．個人の，それもきわめて私的な個人の意思決定では，決定の結果の影響を受けるのは決定者自身，ただひとりである．だから，極論すれば，その個人の主観を満足させさえすればよい．それに対して，複数の主観からなる集団の場合は，

64

5.1　AHPを始めるまえに

多数の主観が決定の結果の影響を受ける．ひとびとの主観や好みはまちまちである．決定に参加するすべてのひとたちが満足し納得できる決定を必要とする．

■ 個人のための AHP

いま，個人の意思決定は，決定者の主観を満足させればそれでよい，といったが，少しいいすぎかもしれない．問題によっても違うからである．同じく'個人の'意思決定といっても決定問題の種類は，主観－客観の混じりぐあいでさまざまである．すなわち，

(1) 個人の趣味や好みが前面に出てくる問題
(2) 合理性や客観性があるほうが望ましい問題
(3) 合理性や客観性が必要な問題

である．

(1) 趣味や好みで決まる

まず決定者の趣味や好みで決まる問題がある．例えば，第3章で紹介した中国茶やベランダでの家庭菜園の選定問題などがそうで，これらの問題は，決定者が自分の'好み'で決めてかまわない．結果にも結果を導き出す過程にも合理性や客観性が——あってもよいが——なければならないということはない．階層構造に合理性や客観性がなくてもよく，評価基準自体の評価や，評価基準からみた代替案の評価も個人の趣味や好みにまかせて決めてよい．

(2) 合理性や客観性が加わる

それに対して，デジタルカメラや自動車，スポーツクラブなどの選定問題は，やはり個人的な問題であるが，上記の (1) とは少し違い，決定者の'好み'だけで決まらない要素が入ってくる．例えば，値段や性能がそうである．性能が同じなら，だれもあえて値段の高いものを買おうとはしないだろう．このように，いくつかの決定問題では，合理的・客観的な基準が混じってくる．もちろん，デザインや使い勝手などといった好みで左右される基準も残るだろうが．

しかも，金額が張って，家族などを説得し了承してもらう必要があるようなときには，値段や性能などの客観的な評価，合理的な判断が求められる．

第 5 章 AHP をうまく使いこなすには

(3) 合理性や客観性が不可欠になる

さらに個人の趣味や好みの色彩が薄らぐのが，'個人を超える'意思決定問題である．のちに紹介する地方分権のあり方やコンピュータシステム選定などの'社会的な'問題である．これらは，問題自体は客観的だが，解析者という個人を離れた客観的な解があるとはいえない．解析者は自分の考え・意見をうまく客観化することで，（客観的な）問題に（主観的な）解答を見出さねばならない．主観と客観の微妙なバランスのうえにある．

■ 集団・組織の意思決定

最後に集団・組織の意思決定についてふれておく．決定に参加するひとたちの個人的な意見をうまくまとめあげることは大切だが，それにもまして，結果および結果に至る過程に，全員を納得させる合理性・客観性が欠かせない．

5.1.2 AHP の設計——専用型それとも汎用型？

5.1.1 項で説明したように個人の意思決定にもいろんな種類がある．それらを解くためには，問題に応じて設計に工夫がいる．

（1）個人の趣味や好みが前面に出る問題

例えば，「中国茶の選定」を例にとると，特定の決定者[1]がたった 1 回利用すればそれで十分である．繰り返して利用することは考えず，自分が満足し納得するように設計すればよい．いわば専用型 AHP である．

（2）合理性や客観性があるほうがよい問題

自動車やデジタルカメラの選定問題では，上記の例とは異なり，より客観的な価格や性能などといった要素（基準）を含む．これらの基準からみた代替案の評価はほぼ万人に共通するので，それらの評価は多くの'個人'に共有される．つまり同じ AHP が繰り返し用いられるようになる．すなわち汎用型 AHP が得られる．

■ 汎用型 AHP

多くのひとが関心をもつ問題で，万人に共通する要素（階層構造や評価基準）

---

[1] 多くは個人であるが，ときにはグループのこともある．

があるときには，その部分をあらかじめ処理しておけば，省力化でき，だれもが気楽に AHP を利用できる．

刀根の名著『ゲーム感覚意思決定法—AHP 入門』[2] では「スキー場選び」（110 ページ）という非常に興味深い例が紹介されている．大学生と多忙なサラリーマンという 2 人のユーザに対して，東京起点の 6 つのスキー場（代替案）のなかから最も適したスキー場を選ぼうというものである．ユーザによって異なるスキー場が選び出されたが，結果の違いは評価基準の重みづけの違いによて生じたものである．さらに本例の解析者は，日程 2 パターン，同行者 3 パターン，交通手段 2 パターンを組み合わせた全 12 パターンに対する結果を求めておけば，十分多くのユーザに対応できるだろうと注意している．

これは「タイプ別 AHP」である．この考えを一歩進めれば，「汎用型 AHP」が得られる．「スキー場選び」のアイデアをヒントに旅行先選びの支援システム・汎用型 AHP を作ってみよう．

例　国内旅行先選び支援システム

いま，ある旅行会社が顧客の旅行先選びをなんとかうまく支援しようと，そのためのシステムの開発を企画している．AHP がよいらしいと聞いたその会社は，試しに，AHP による「国内旅行先選び支援」の雛型システムを作ってみた．

ほんとうなら行き先（代替案）の候補地はできるだけ多く用意すべきなのだが，試作段階なので，とりあえず少数の候補地でやってみた．典型的ユーザについても同様で，定年退職者の団体，若い女性グループ，中年夫婦，家族連れ，1 人旅行者に限定した．評価基準はこれらのユーザに対応するため，少し多めに用意せざるをえなかった．

行き先（代替案）　京都，沖縄，別府，東京ディズニーランドの 4 カ所とする．

評価基準　　　　体験，見学，温泉，銘酒，料理，費用，団体

評価基準の「体験」は沖縄でのスキューバダイビングを念頭において設けたもので，「団体」は個人旅行に向いているかグループ旅行に向いているかという基準である．この結果，図 5.1 のような階層構造になった．

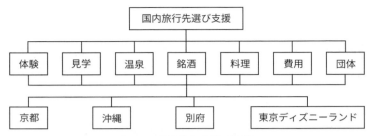

図 5.1　国内旅行先選び支援

「国内旅行先選び支援システム」では，ユーザ（利用者）は評価基準の一対比較だけをすればよいということである．

一応試作システムが出来上がったので，その出来映えをみるために，模擬実験を行ってみた．制作スタッフが，それぞれのユーザになったつもりで，基準の一対比較を行った（ユーザになりきったつもりでも，なかなか完全にはなりきれなかった．あとからみると疑問のある結果も結構あった）．

まず結果をみていただこう．最大のプライオリティを得た行き先に下線を施しておいた．

表 5.1　ユーザ別の旅行先の得点

	京都	沖縄	別府	東京 DL
退職者	0.204	<u>0.303</u>	0.294	0.126
若い女性	0.205	<u>0.317</u>	0.108	0.171
中年夫婦	<u>0.310</u>	0.290	0.208	0.130
家族連れ	0.211	<u>0.309</u>	0.090	0.249
1 人旅	0.345	<u>0.362</u>	0.162	0.116

京都を第 1 位とする中年夫婦を除いて，他の 4 ユーザは沖縄が第 1 位になった．ただし，第 2 位をみると，退職者は別府，若い女性と 1 人旅は京都，家族連れは東京ディズニーランドとさまざまだった（中年夫婦の 2 位は沖縄）．

制作者の当初の目論見では，定年退職者の第 1 位は別府になるだろうということだったが，実際には沖縄が別府をおさえて第 1 位となった．この点についてはのちに詳しく考察する．

沖縄は全ユーザにとって第 1 位（または第 2 位）となったが，その理由は実

はまちまちである．すなわち，各ユーザの基準に対する重みづけをみると，以下の表 5.2 のように，下線をつけた最大評価値の基準はすべて異なっている．

表 5.2　ユーザ別の基準の重みづけ

基準	体験	見学	温泉	銘酒	料理	費用	団体
退職者	0.021	0.092	<u>0.332</u>	0.234	0.125	0.053	0.143
若い女性	0.133	0.078	0.043	0.022	0.147	0.185	<u>0.392</u>
中年夫婦	0.026	0.224	0.199	0.091	<u>0.263</u>	0.075	0.122
家族連れ	0.212	0.074	0.026	0.025	0.053	<u>0.330</u>	0.280
1 人旅	0.034	<u>0.296</u>	0.126	0.270	0.194	0.050	0.030

考察

(1) 評価基準の評価に違いがあっても，ほとんどすべてのユーザに同じ行き先が選ばれたのは，おそらく代替案（行き先）の数と選び方に問題があったからかもしれない．多様なユーザに対応するのに十分な質と量を備えた多様な行き先を用意すべきであった．

(2) 上でも述べたが，定年退職者の団体旅行で，沖縄が別府をおさえて第 1 位となったことに，制作者たちは納得できなかった．しかし，結果を仔細に吟味したところ，汎用型 AHP の意外な弱点を発見した．

それはこういうことである．もちろん，代替案の選定を左右するのは大きなウェイトの基準である．だが，汎用型 AHP の問題点は，小さなウェイトの基準にあった．もともと「汎用型 AHP」はいろんなユーザに対応できるよう，いろんな基準が用意された．その結果，特定のユーザには明らかに不要な基準も含まれる．例えば，定年退職者の場合は「体験」がそうである．ユーザを定年退職者の団体に限定した「専用型 AHP」の設計ならば，おそらくは最初から除外されたに違いない．実際，定年退職者の体験のウェイトは 0.021 でしかない．そこで，体験を除外して最終評価値を計算しなおしてみると，

表 5.3　定年退職者の旅行先の得点

	京都	沖縄	別府	東京 DL
退職者	0.208	0.296	0.299	0.123

第5章　AHPをうまく使いこなすには

表5.3のように1位と2位が入れ替わって，別府がトップとなった．
AHPでは，本来不要な（重要度 =0）基準でも，いったん基準に組み込まれてしまうと，そのウェイトはなにがしか正の値になる．ほんのわずかでも結果に影響をおよぼす．ここでは詳しく紹介はしないが，この種の逆転現象は，他の試作システムでもしばしばみられた．これが「AHPの弱点」である．

■ 汎用型AHPの設計と運用

いろんな利用者に対応できるよう代替案と評価基準を選び，共通の階層構造を作る．このことで，利用者は階層図の作成を免れる．各基準からみた代替案の評価のうち，万人に共通するものについてはあらかじめプライオリティを求めておく．利用者は，基準からみた代替案の評価のうち万人に共通しない評価と，基準の重みづけを決定すればよい．

ただし，利用者があまりに多様でかけ離れているときは，上記のような問題が発生するので，別の工夫が必要である．例えば，

(1) あらかじめ利用者をグループ分けしておく．
(2) ウェイト最小の基準を除外して最終評価値を求める．

いずれにせよ，本格的な「汎用型AHP」の作成にはまだまだ時間と工夫が必要である．
この汎用型AHPをデータ検索システムに応用したものが7.3節のAHPを使ったお勧めの商品やサービスの提示システムである．

70

5.2　階層図と評価基準

　AHP は階層図を作ることから始まる．始まるだけではない．AHP の結論の信頼性は階層構造によって決まる．階層図を作るということは，評価基準をどう選ぶかでもある．本節では，階層図作成と評価基準の選択にあたって注意すべきことについて述べる．

5.2.1　階層構造をどう作る

　すでに述べたとおり，階層図がよければ，問題はほとんど解決したも同然というぐらい，階層構造は大切である．注意すべきことは，階層図はいったん出来上がったあとでも，それを絶対的なものとしてはいけない．もし，結果が思わしくなければ，作りなおすという覚悟もしておいたほうがよい，ということである．階層構造を作る手順を紹介しよう．

■ まず最も簡単な階層図（完全型）から始めよう

　複雑な階層図をいきなり作るのは作業もたいへんだが，なかなかうまくいかないものである．したがって，まず「目的－基準－代替案」といった最も簡単な階層図（完全型）から始めることをお勧めする．試しに作って実行してみる．

■ うまくいかなかったら

　試しに実行して，うまい結果が得られなかったとする．どういうことが考えられるだろうか．本当は入っていなければならない基準が入っていないのかもしれないし，あまり適当でない基準が混じっているのかもしれない．なければならない基準が欠けているときは，それがどんな基準かを見つけてきて基準に加える．

■ 基準を分ける

　適当でない基準が混じっているときは——その‘適当でなさ’にもよるが，例えば，1 つの基準が複数の意味をもっているようなときには，その基準を 2 つ（以上）の基準に分ける．

例えば,「経済性」という基準を考えてみよう．自動車の場合を例にとると，経済性は購入価格とガソリン代その他の維持費用からなる．そこで，経済性を価格と維持費用という2つの基準に分ける．このとき，

(1) 経済性という基準を，価格と維持費用という2つの基準で置き換える．
(2) 経済性という基準を残し，その下に価格と維持費用という2つの副基準を設けて，(部分的に) 分岐型の階層構造とする．

という2通りのやり方が考えられる．こうして分岐型あるいは短絡型と呼ばれる階層構造が得られる (図 5.2).

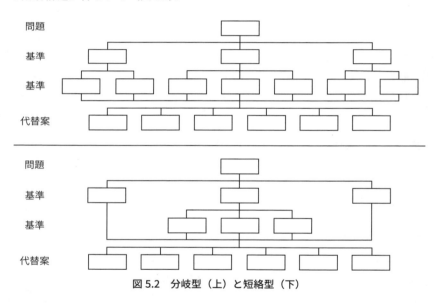

図 5.2　分岐型 (上) と短絡型 (下)

■ 基準の数が多くなったら

基準 (や代替案) の数 n が増えると，一対比較の数は $n(n-1)/2$ と，ほぼその2乗に比例して増える (表 5.4).

表 5.4　一対比較の回数

n	3	4	5	6	7	8	9	10
一対比較の数	3	6	10	15	21	28	36	45

5.2　階層図と評価基準

　このことは，一対比較を実行する手間がどんどんたいへんになるということ
を意味する．それだけではない．われわれの作業記憶の限界は7±2程度であ
るという，いわゆるミラーの法則がある．基準の数nがこの限界を超えると，
基準を一貫して把握することが難しくなる.多数の基準と比較しているうちに，
基準の中身が一貫せず揺れ動く可能性があるということである．要するに，基
準の数は少ないほうがよい．

　とはいうものの，問題によっては，基準の数が多くなることは避けられない
のも事実である．こうしたとき，いくつかの基準をまとめて，それらを統合し
た親基準を設け，分岐型あるいは短絡型の構造図に作りなおすという方法もあ
る（刀根[2]）．

5.2.2　基準の選び方

　基準を選ぶとき，最も大切なことは，

(1) 基準は互いに独立であること
(2) 基準は単義的であること

の2点である．

(1) 基準の独立性

　基準は（できるだけ）互いに独立でなければならない．

　　理由　　もし基準のあいだに強い関連があると，それらの基準による評
　　　　　　価は信頼できなくなってしまう．

　例えばいま，ある代替案（項目）が2つの基準で高い評価を得たとしよう．
もしそれらの基準が独立ならば評価は2倍になる．だが，もしまったく同じ基
準であれば，項目は同じ基準で‘二重に’評価されただけのことで，2倍の価
値はない．ちょうど試験でまったく同一の問題が2題出題されたようなもので，
正解すれば点数は2倍だが，力が2倍とはいえない．すなわち，正しい結果は
期待できない．

　なお，同様のことが代替案についてもいえる．ただ，代替案の場合は，従属

第 5 章　AHP をうまく使いこなすには

性は評価の分散を意味し，個々の代替案の評価は低くなる．

（2）基準の価値の単義性

基準は単義的，すなわち，ただ 1 つの意味・価値をもっているべきである．

　　理由　　　基準が多義的であれば，一対比較の一貫性（整合性）が失われ
　　　　　　　る可能性がある．

例えば，「スキー場選び」の評価基準「宿泊施設」（刀根 [2]，110 ページ），「缶
紅茶選び」や「チョコレート選び」における「味」などは，複数の意味をもつ．

缶紅茶やチョコレートの「味」とは甘さかもしれないし，（紅茶・チョコレ
ートとしての）コクかもしれない．ある代替案の対を比較するとき，甘いほう
を美味しいとし，別の対を比較するときコクのあるほうを美味しいとすると，
一対比較の一貫性（整合性）が失われてしまう．

たとえ代替案の対によって評価の基準が変動しても，本人のなかで一貫して
いれば問題はないが，実際には一貫性を保持するのは容易ではない．

基準の単義性は，基準は複数の意味をもたないという前提で，なお少なくと
も 2 つのことを意味する．つまり，

（a）価値の方向は同一であるべきである．
（b）価値の方向は決定者から独立であるべきである．

（a）価値方向の一定性

まず，評価基準のもつ価値の方向は一定でなければならない．いま，評価基
準が何らかの数値（物理量）で表されているとき，その量が大きく（小さく）
なるにつれ価値が大きくなるならば，常に大きくならなければならない．次の
2 例は，いずれもあるところまではプラス，それを超えるとマイナスに転じる．
価値の方向は一定でない．

「涼しい」なる基準について．ある限界までは，より涼しいほどより快適だが，
限界を超えると，温度が下がるにしたがって「寒く」なり，快適でなくなる．

ホテル（代替案）を評価する「豪華さ」という基準も同様である．人はしば
しば，ホテル A と B では，B を「豪華である」という理由で選び，B と C では，
C を「豪華すぎる」という理由で選ばない．

74

実は，こうした価値の逆転はどんな評価基準でも常に起こりうることである．「過ぎたるはなお及ばざるが如し．」評価基準を，価値の逆転のない範囲に限定して用いるよう配慮すべきかもしれない．

（b）価値方向の決定者からの '独立性'

評価基準のなかには，価値の方向が決定者によってプラスだったりマイナスだったりするものがある．

例えば，食事の量がそうである．育ち盛りの（特に）若い人にとっては，多ければ多いほどよい（プラス）が，年輩者やダイエット中の人にとっては，多いことはどちらかというとマイナスである．こうした基準について，不用意にどちらかをプラス，どちらかをマイナスと決めるのは間違いのもとになる．

5.2.3 嗜好と目的

これまでみてきたように，多くの AHP では個人の好みは与えられた評価基準の優先度として表された．だが，問題によっては，基準そのものに個人差が現れる場合がある．例えば「メロンパンの選択」という問題で，食感という評価基準を取り上げてみよう．

この「食感」は，評価基準として意味がはっきりしない．食感にも，「しっとり感」と「さくさく感」があり，あるひとはメロンパンにしっとり感を求めるし，別のひとはさくさく感を求める．もし，意味をはっきりさせるために食感とは「しっとり感」だと決めれば，さくさく感を求めるひとには基準として不適当になる．その反対に食感を「さくさく感」とすれば，しっとり感を求めるひととの基準としては不適当になる．

この問題に対するひとつの解決案として，あらかじめ「食感（さくさく感）」を評価基準とする階層図と「食感（しっとり感）」を評価基準とする階層図を別々に用意しておき，決定者にどちらの階層図にするか選択させるという方法がある．

このやり方は，「さくさく感」を求めるひとは「しっとり感」を求めない，逆に「しっとり感」を求めるひとは「さくさく感」を求めないという前提にたつ．しかし，「さくさく感」と「しっとり感」の両方を求めるひとがいてもお

かしくない．そうしたひとたちの何人かは，両方とも好きだが，やや「さくさく感」のあるメロンパンのほうが好きだ（あるいはその逆）というかもしれない．こうした利用者に対しては評価基準「食感」の下に「さくさく感」と「しっとり感」という副基準を設ければよい．

　他の例として，パソコンの性能の問題がある．パソコンにワープロや表計算といったビジネス的な機能を求める人と，インターネットの機能，あるいはゲーム機としての機能を求める人などでは，同じく「性能」といってもその意味するところは異なるだろう．

第6章

さまざまな AHP

　前章までに，階層分析法（AHP）の概略，手順などを説明してきた．本章では5件の応用事例を紹介する．地方分権のあり方，国連安保常任理事国入りの是非，金融機関の評価，ビデオレコーダーの選定およびコンピュータシステムの選定である．最初の3つは，中島（富山大）のゼミ生の卒業研究をもとに，手を入れたものである．これらの諸例は，AHP の2段階活用（国連安保理の改革問題），異なる状況下での決定問題（金融ビッグバンの前後および郵政民営化後），アクターと呼ばれる複数の関与者の存在する決定問題（ビデオレコーダーの選定問題），一対比較以外の直接評価の併用（コンピュータシステムの選定）などといった応用上の面白い技法を含む．なお，一部の一対比較表は省略し，それから計算したプライオリティだけを示した．諒とされたい．

第 6 章 さまざまな AHP

6.1 地方分権のあり方

6.1.1 問題の背景

　第 2 次大戦後 50 年を経て[†1]，地方政治のあり方が問われている．我が国は明治維新以来，中央集権制度をとることで，また先進欧米諸国に追いつき追い越すことに成功した．だが，明治維新以来 130 年を経過した現在，中央集権体制は一種の制度疲労を起こしている．民主政治の成熟は，必然の結果として，地方分権化を要請する．いま日本は地方分権の時代に移ろうとしつつあるようにも思える．

　Y 君（1994 年卒業）は，もともと「ヒト」と「カネ」の東京一極集中をどうすれば排除できるかを考えたが，それが実は地方分権の問題だと気がついたという．「地方に権限を……」というのは簡単だが，そこには権限の委譲だけでなく，財源（税制）や人的資源の再配分が必要である．Y 君は福沢諭吉の政権（government，中央政府）と治権（administration，地方政府）を引用しながら，地方と中央の役割分担を見なおすべきだと考える．このような観点から，地方分権のあり方を AHP を用いて解析した．

6.1.2 階層構造

　階層構造は，短絡型で 4 層からなる．代替案は地主中従（地方が主で中央が従），中主地従と，中間の 3 つである（図 6.1）．

---

†1　この卒業研究は 1990 年代中葉になされた．

78

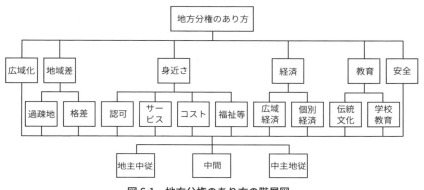

図 6.1　地方分権のあり方の階層図

第 2 層の基準について説明しておこう．

広域化の傾向　交通や通信の発達に伴い，また全国にまたがる転勤により，ひとは広域範囲を動く．また犯罪も広域化してきている．こうした広域化に，はたして地域的規模で対応するのは適切かという問題が生じる．

地域差　現在拡大が進行中の地域差の解消のために地方分権でも可能か，中央主導は必然か．地域間格差のなかでも過疎地の問題は深刻である．

身近な行政　身近な行政（諭吉のいう治政）は身近な政府で行うのが理想だが，一方において，行政の細分化によって，重複によるムダや，逆に基準・水準などが自治体によってまちまちになるという問題が生じる．

経済要因　多くの販売店や食堂・レストランが全国的なチェーン店（広域経済）になりつつある．だが，それぞれの地域に根ざした地域産業（個別経済）も経済の基盤としては重要である．

教育・文化　明治以来の富国強兵，戦後の経済の発展は全国統一的な教育によるものであった．現在も経済界は全国に共通する人材を求める．だが，伝統文化という点では，地域文化の多様性も欠かすことはできない要素である．

安全対策　自然災害に対処するにはどうすればよいか．自然災害にも

第 6 章　さまざまな AHP

（国が対処すべき）大災害と（地方政府が対処できる）小災害とがあるのではないか.

6.1.3　結果

分析結果は表 6.1 とグラフは図 6.2 のとおりである.

表 6.1　結果（地方分権のあり方）

レベル 2	レベル 3	重み	地主	中間	中主
広域化		0.1217	0.6370 (0.0775)	0.2683 (0.0314)	0.1047 (0.0127)
地域差	過疎地	0.0261	0.6491 (0.0169)	0.2790 (0.0073)	0.0719 (0.0019)
	格差	0.0782	0.2808 (0.0220)	0.5842 (0.0457)	0.1350 (0.0106)
身近さ	認可	0.0622	0.1047 (0.0065)	0.2583 (0.0161)	0.6370 (0.0396)
	サービス	0.1592	0.6491 (0.1033)	0.2790 (0.0444)	0.0719 (0.0115)
	コスト	0.0277	0.2808 (0.0078)	0.5842 (0.0162)	0.1750 (0.0037)
	福祉等	0.1592	0.6348 (0.1011)	0.2872 (0.0457)	0.0780 (0.0124)
経済	広域経済	0.0132	0.1104 (0.0015)	0.5666 (0.0075)	0.3230 (0.0043)
	個別経済	0.0395	0.2808 (0.0111)	0.5842 (0.0231)	0.1350 (0.0053)
教育	伝統文化	0.0431	0.6000 (0.0259)	0.2000 (0.0086)	0.2000 (0.0086)
	学校教育	0.1294	0.2808 (0.0363)	0.5842 (0.0756)	0.1350 (0.0175)
安全		0.1404	0.1047 (0.0147)	0.2583 (0.0363)	0.6370 (0.0894)
総合評価値			0.4246	0.3579	0.2175

80

6.1 地方分権のあり方

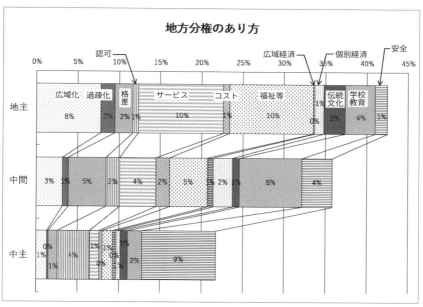

図 6.2 地方分権のあり方（グラフ）

6.1.4 結論

　結論は，Y君の（そして大方の）予想どおり，地方主中央従が1位で，中間が2位，中央主地方従は最下位で，ウェイトは小さい．1位の地方主中央従に最も貢献している項目は，表6.1や図6.2によれば，まず行政サービス（0.1033），次に福祉等の行政（0.1011），広域化の傾向（0.0775）などである．

第 6 章　さまざまな AHP

6.2　国連安保常任理事国入りの是非

6.2.1　問題の背景

　1945 年の国連創立から 50 周年[†2]，安保理事会の改革が議論にのぼってきていた．創立当初，加盟国は 51，常任理事国 5，非常任理事国 6 であったが，60 年，加盟国が 100 カ国を超えたのを機に，非常任理事国が 10 カ国に拡大された．91 年の旧ソ連の解体と旧ユーゴスラビアの分裂にともない，加盟国は 184 カ国にまで増加した．その結果，92 年頃から安保理見なおし問題が議論されるようになった．すなわち，安保理改革と日本の常任理事国入りの是非である．

　日本はこの時点（1994 年）で，国連負担金の 4 分の 1 を負担している．それにもかかわらず重大な決定に参与できないのは不自然だという考えがある一方，日本の軍事的，政治的大国化を懸念するアジア各国の声がある．国内世論はどうであったかというと，日本の常任理事国入りに関する 91 年 6 月の調査では以下のとおりである．

　　　賛成……64%，反対……16%

　T 君（1995 年卒）はこの問題を AHP によって解析した．AHP によって決定者の '本音' が垣間見えたという点で興味深い．

6.2.2　安保理改革

　安保理改革が求められる理由としては，国連における安保理の重要性が増す一方，安保理議席の割合の低下がある．安保理が国連をよく代表しないと，加盟国の意見が国連に反映しにくくなる．

　改革の必要なしとする現状維持案もあるが，大勢は議席の拡大を望んでいる．拡大を常任理事国のみとする案，常任・非常任ともという案の 2 案があり，両

---

†2　この卒業研究も前例と同様，1990 年代半ばになされたものである．30 年経過した本書の執筆段階でもなお解決されていない．

82

案とも，新常任理事国に拒否権を与える，与えないとに分かれる．

■ 階層構造

階層構造は，民主化，財政，政治力，時代，PKO の5個の基準，以下の5つの代替案からなる単純な3層構造である（階層図は省略）．ここで，民主化とは，国連全体の意見が安保理に正しく反映すべきだという意味である．代替案は，上で紹介した（現状維持を含む）5案である．

(1) 常任のみ拡大（拒否権あり）
(2) 常任・非常任とも拡大（拒否権あり）
(3) 準常任理事国の創設
(4) 常任のみ拡大（拒否権なし）
(5) 改革せず

6.2.3　結果と結論

表 6.2　安保理改革

案	(1)	(2)	(3)	(4)	(5)
重み	0.149	0.280	0.345	0183	0.043
順序	④	②	①	③	⑤

結論は何らかの改革は必要で，特に，準常任理事国の創設（1位）と，拒否権の有無は別として，常任・非常任とも拡大（2位，3位）が上位を占めた．

6.2.4　日本の常任理事国入りの是非

日本の常任理事国入りに対する 1994 年当時の国際世論をみると，まず欧米では，英米仏は基本的には，日本（とドイツ）の常任入りを支持している．だが，米仏両国は，経済力に加えて，国連 PKO への参加あるいは参加の意思を条件とする．この他カナダと欧州の8カ国が日本の常任入りを支持している．

一方，アジア諸国については，東南アジア諸国と中国・韓国や北朝鮮など北東アジアは異なる反応を示す．東南アジア諸国は「過去は過去として，より大

きな政治的役割を果たすべきである.」といい，日本の常任理事国入りに反対する声は少ない．それに対して，北東アジアの諸国は積極的にあるいは消極的に反対の立場に立つ．

国内世論は，常任理事国入りには賛成が多いが，軍事貢献については消極的で，それ以外の分野での貢献を望んでいる．

■ 階層構造

常任理事国入りの是非問題の階層構造は図6.3のとおり，4層構造からなる分岐型である．代替案は，

(1) 積極的な常任理事国入り（拒否権・軍事貢献あり）
(2) 条件付き常任理事国入り（拒否権・軍事貢献なし）
(3) 常任理事国入りせず

の3つである．

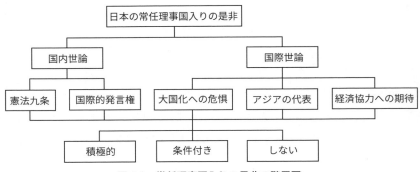

図6.3　常任理事国入りの是非の階層図

最終結果を表6.3に示す．

表6.3　結論

	積極的	条件付き	しない
重み	0.288	0.268	0.445

6.3　金融機関の評価

1位は「常任理事国入りしない」であるが,「積極的＋条件付き」の常任理事国入りは0.556と過半数を占めている.この結果に,T君の心の揺れがみられる.「常任理事国入りしない」が1位というのも彼の本当の気持ちであろうし,「常任理事国入りする」が過半数を占めたのも彼の真実であろう.

■ 特徴

この問題は,安保理改革と日本の常任理事国入りという2段階を扱っている点に特徴がある.

6.3　金融機関の評価

6.3.1　問題の背景

バブルの崩壊後,日本の経済は低迷を続けている.そのひとつの原因として金融業界の不振がある.日本経済の再生を賭けて,金融大改革,日本版ビッグバンが始まろうとしていた.日本経済・金融のありようが大きく変わりつつあった.

Oさん(1999年卒)は,われわれが日常利用する金融機関への信頼度が,金融ビッグバンの前後でどう変わるかを,郵便局が民営化されない場合とされた場合に分けて,AHPによる検証を試みた.

6.3.2　階層構造

階層構造は6個の基準,6つの代替案からなるふつうの3層構造である(図6.4).図6.4の「ノンBK」はノンバンクを示す.

85

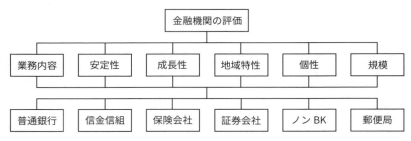

図 6.4　金融機関の評価の階層図

6.3.3　基準のウェイトの変化

6 個の基準を一対比較した結果，表 6.4 のプライオリティを得た．

ビッグバンの前後で，業務内容（サービス）重視から安定性重視へと重視度が逆転していることが分かる．また個性の重みが増し，成長性・規模の重みが低下している．地域特性には変化がみられない．

表 6.4　基準のプライオリティ

評価基準	業務内容	安定性	成長性	地域特性	個性	規模
ビッグバン前	0.450	0.145	0.074	0.254	0.031	0.046
ビッグバン後	0.155	0.437	0.050	0.243	0.085	0.029

6.3.4　代替案のウェイトの変化

ビッグバンの前後，および郵便局民営化後の，各基準からみた代替案の一対比較とプライオリティ計算の結果をまとめると，表 6.5 のとおりとなった．

表 6.5　結果のプライオリティ

評価基準	普通銀行	信金信組	保険会社	証券会社	ノン BK	郵便局
前	0.278	0.218	0.064	0.068	0.086	0.287
後	0.193	0.219	0.059	0.085	0.090	0.353
民営化	0.237	0.309	0.062	0.010	0.096	0.196

※「前」「後」はそれぞれビッグバン前／後，「民営化」は郵便局民営化を示す．

6.3.5 結論

解析の結果，信金・信組，保険会社，証券会社，ノンバンク（BK）などはビッグバンによってほとんど変化しない．ビッグバンの影響は郵便局と普通銀行に現れる．両者はビッグバン‘前’にはウェイトをほぼ同じくしていたが，ビッグバン‘後’に郵便局はウェイトを増し，そのぶん普通銀行はウェイトを減らす．

ただし，郵便局の民営化があると，様相は一変する．郵便局は大きくウェイトを減らし，そのぶんを信金・信組が取り込む（普通銀行もいくらか盛り返す）ことなどが分かった．

6.3.6 特徴

この問題は，ビッグバンをはさんで前後の違いと，郵便局の民営化によってどんな影響があるかを多角的に分析した点に特徴がある．

第 6 章　さまざまな AHP

6.4　アクターの使用例——ビデオレコーダーの選定

6.4.1　問題

　この例では，ある3人家族（妻，夫，娘）がビデオレコーダーを購入しようと検討している．代替案は，商品 A，B，C の3つにしぼり，評価基準は「予約の容易さ」「編集の容易さ」「HDD 容量（HDD に録画できる時間）」「価格」である．妻は，家計への影響を考え，価格を重要視し，また予約の容易さも重要と考えている．夫は，撮影したホームビデオの編集と，仕事が忙しいときのために多くの番組を録画をしておきたいと考えている．また，価格も重要と考えている．娘は，お気に入りのアイドルがでている長時間番組を録画したり，編集保存したいと考えている．そこで，図 6.5 のような階層図を作成した．

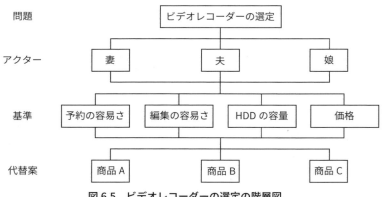

図 6.5　ビデオレコーダーの選定の階層図

　基準への重みづけは，3人それぞれ異なるので，それぞれが一対比較を行うことにし，その3人へ重みづけをし，総合評価値を求めることにした．この妻，夫，娘の3人のように意思決定に影響をもつ人をアクターと呼ぶ．

6.4 アクターの使用例——ビデオレコーダーの選定

6.4.2 アクターを入れた場合の AHP

この AHP では，各階層の一対比較を行う人が異なるモデルである．

● **代替案間の一対比較**

商品のカタログなどで，ある程度客観的に評価できる．そこで，この部分の一対比較の一対比較値は，妻，夫，娘の 3 人で話し合って，1 つの値を決めることにした．

● **基準間の一対比較**

基準間の一対比較は，3 人それぞれ異なるので，3 人それぞれが行う．

● **アクター間の一対比較**

どの人の意見をどれくらい重要視するかは，当事者間ではなかなか決まらない．そこで，近所に住む祖父母に一対比較を行ってもらうことにした．

6.4.3 一対比較と計算

● **代替案間の一対比較**

各基準に関して，3 人で話し合い，一対比較表を作成した．その結果を表 6.6 に示す．

表 6.6 ビデオレコーダーの選定　代替案間の一対比較から求めた評価値

	予約	編集	容量	価格
商品 A	0.6571	0.1194	0.1666	0.1571
商品 B	0.1963	0.7471	0.7396	0.2493
商品 C	0.1466	0.1336	0.0938	0.5936

● **基準間の一対比較**

基準間の一対比較は，妻，夫，娘それぞれが行う．その結果を表 6.7 に示す．

表 6.7 ビデオレコーダーの選定　妻，夫，娘の重み

	予約	編集	容量	価格
妻の重み	0.2595	0.0781	0.0738	0.5886
夫の重み	0.0621	0.4802	0.0935	0.3642
娘の重み	0.1306	0.3702	0.4336	0.0656

89

第 6 章　さまざまな AHP

● アクター間の一対比較

アクター間の一対比較は，祖父と祖母がそれぞれが行う．その結果を表
6.8 に示す．表 6.8 から，祖父，祖母の各アクターの重みを求めると表 6.9
のようになる．

表 6.8　ビデオレコーダーの選定　アクター間の一対比較表

祖父	妻	夫	娘
妻	1	7	3
夫	1/7	1	1/3
娘	1/3	3	1

祖母	妻	夫	娘
妻	1	2	5
夫	1/2	1	3
娘	1/5	1/3	1

次に，祖父，祖母の一対比較表を統合して，祖父，祖母の意見のアクターの
重みを計算する．計算方法は 2 つある．

表 6.9　ビデオレコーダーの選定　祖父，祖母のそれぞれのアクターの重み

	妻	夫	娘
祖父	0.6694	0.0879	0.2426
祖母	0.5816	0.3090	0.1095
平均	0.6255	0.1985	0.1760

● 祖父，祖母の一対比較値の統合（1）──算術平均による

ひとつは，表 6.9 の平均の欄のように，2 人の重みの平均（算術平均）を
求めて，それを総合評価のためのアクターの重みとする方法である．

● 祖父，祖母の一対比較値の統合（2）──幾何平均による

もうひとつは，表 6.10 のように，各一対比較について，祖父と祖母の一
対比較値の幾何平均値を求めて，それを一対比較値とし，2 人の意見を集
約した一対比較表を作成する．その一対比較表より，2 人の集約した重み
を求める．

この例題では，後者（幾何平均値を用いる方法）で説明する．これら 2 つの
統合のやりかたは，表 6.9 と表 6.10 どちらでもそう大きくは変わらない．だが，
一般に，少し計算は面倒でも，（2）の幾何平均によるほうがよいとされている．
そこで，以下この例題では，幾何平均値法によって説明する．

90

6.4 アクターの使用例——ビデオレコーダーの選定

表 6.10　ビデオレコーダーの選定　集約した一対比較表と重み

	妻	夫	娘	重み
妻	$1 = \sqrt{1 \times 1}$	$0.2673 = \sqrt{1/7 \times 1/2}$	$0.2582 = \sqrt{1/3 \times 1/5}$	0.6556
夫	$3.7417 = \sqrt{7 \times 2}$	$1 = \sqrt{1 \times 1}$	$1 = \sqrt{3 \times 1/3}$	0.1732
娘	$3.8730 = \sqrt{3 \times 5}$	$1 = \sqrt{1/3 \times 3}$	$1 = \sqrt{1 \times 1}$	0.1712

これらの一対比較表と重みから求めた総合評価は，表 6.11 のようになる．

表 6.11　ビデオレコーダーの選定　集約した一対比較表と重み

	妻	夫	娘	総合評価値
アクターの重み	0.6556	0.1732	0.1712	
商品 A	0.1865	0.0296	0.0364	0.2525
商品 B	0.2037	0.0920	0.1095	0.4051
商品 C	0.2654	0.0517	0.0162	0.3332

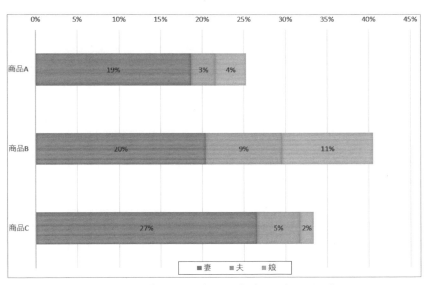

図 6.6　ビデオレコーダーの選定グラフ（アクター）

6.4.4 結論

　この家族は，商品 B を購入することにした．図 6.6 をみると，妻の影響力は大きいが，夫と娘が支持した商品 B が高い総合評価値になっていることが分かる．また，各機能について，集計したグラフを図 6.7 に示す．このグラフをみると，商品 B は，編集と容量の評価が高い．商品 C は，価格については圧倒的な強さをもっているが，編集，容量といった基準で低い．

　計算結果は Excel ファイル video.xlsx にある．

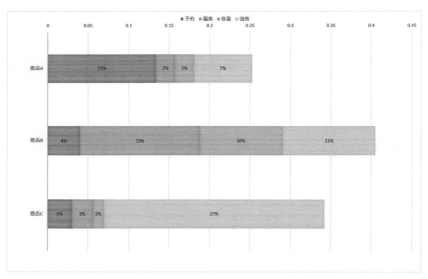

図 6.7　ビデオレコーダーの選定グラフ（基準）

6.5 直接評価と一対比較の併用──コンピュータシステムの評価

複数のアクターが関係する意思決定にもいろいろある．前節でみてもらったビデオレコーダーの選定問題でのアクターは妻と夫と娘という家族であった．この例の場合は，問題自体が一家族内の「私的」な問題だったし，アクターは違う価値観をもっているとはいえ，お互いのことはよく分かっているので，譲れないということはない．どういう結果がでてもそう違いはないかもしれない．

だが，エネルギー問題や人口問題，環境問題などといった，構造が複雑で見通しがきかない社会的な問題（問題複合体と呼ばれる）もある．どんな結果が得られるかで，将来に大きな影響をもつ可能性をもつ．刀根らの文献[3]で取り扱った「首都機能移転問題」はたいへんよい例である[†3]．

こうした問題では，アクターたちは互いをよく知らなかったり，利害が対立したりする．彼らの知識は部分的な知識であったり，ときには間違っていたり，部分的に整合的でも，全体としては互いに矛盾しているかもしれない．こうした問題では，アクターがもっている専門的な知識や経験を積極的に取り込み，すりあわせ，活かすことが重要である．また，評価基準が多岐にわたることが多くなるので，定石どおり一対比較を行うと，その回数は手に負えないほど多くなるおそれがある．そこで，一対比較評価に直接評価を併用するというのもよいかもしれない．本節では，コンピュータシステムの評価問題を，こうした観点から扱ってみる．

6.5.1 コンピュータシステムの評価

Ｑ大学（架空の大学）のコンピュータセンターでは，教育用コンピュータシステムを一新することにした．システム委員会を設立しどのような教育を行いたいのかを決定し，それに伴う予算が決まった．しかし，具体的にどの機器やソフトウェアを導入し，どのように接続するのかは，システムインテグラーに依頼することにした．そこで，数社のシステムインテグラーに，行いたい教育

---

†3　専門誌に掲載された論文なので，読み慣れない読者にはたいへんかもしれない．参考になるので，興味あるかたはぜひご覧いただきたい．

の内容,予算の上限を示し,具体的なシステムの提案を行ってもらうことにした.

提案を受けた委員会は,システムの評価を行い,どの案を採用するのかを決めなくてはならない.そこで,AHP を利用することにし,図 6.8 のような階層図を作成した.ただし,問題と主基準の間にはアクターが存在し,副基準によっては,その下により細かい基準(副々基準)が存在する.

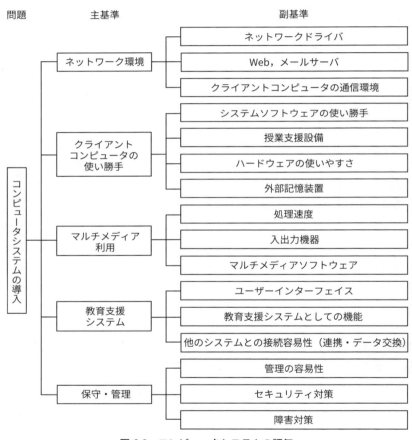

図 6.8　コンピュータシステムの評価

6.5 直接評価と一対比較の併用——コンピュータシステムの評価

(1) 基準の重みづけ

各基準間の重みを一対比較でで求めるにあたり，次のように役割分担を行った．

- **主基準間の一対比較**

  各学部（4学部）の代表とコンピュータセンターの役員（4名），計8名の選考委員．

- **副基準間（および副々基準間）の一対比較**

  システム委員会の委員．

(2) 評価値の算出

各代替案の評価値は，それぞれの副基準（または副々基準）に関して，技術者を含む小委員会を作り，求めることにした．求め方は，直接評価もしくは一対比較を行った．

- **客観的な数値があるもの**

  ネットワークドライブの学生一人あたりの容量など，客観的な数値があるものは，評価値を求める計算式を作成した．また，信頼できるベンチマークテストがある場合は，その数値から評価値を求める計算式を作成した．

- **客観的な数値がないもの**

  それぞれの基準で工夫して評価値を求めた．例えば，教育支援システムのユーザインターフェイスなどは，デモシステムを作成してもらい，実際に教員や学生が利用し，5段階評価や一部は一対比較を行った．

(3) 総合評価値の算出

総合評価値の計算をする8人の選考委員（アクター）は，等重みとして，総合評価値を求めた．アクターをもつAHPで総合評価値を求めるのに，

(a) ①アクターごとの基準の重みをアクターの重みで重みつき平均をとり，選考委員会としての重みとし，②得られたその重みで代替案の評価値を重みつき平均をとる，というやり方（前節のビデオレコーダーの選定のときの図6.7の機能ごとの集計のようなやり方）と，

(b) アクターの下の階層構造を一種のミニAHP（7.4節参照）と考え，アク

第 6 章　さまざまな AHP

ターごとに代替案の総合評価値を計算しておいて，最後にアクターの重み（本例では等値の 1/8）で重みつき平均をとるというやり方（図 6.6 のアクターごとの集計のようなやり方）

とがある．算術平均をとるかぎり，結果は同じになるが，(a) は選考委員会全体の基準の評価値を知りうるという特徴があり，(b) は委員ごとの代替案の評価値を知りうるという特徴がある．

6.5.2　問題点

　Q 大学は，情報系 1 学部，社会科学系 3 学部という構成である．情報系学部の授業利用は，社会科学系学部に比べて圧倒的に多い．しかし，多くの大学でそうであるように，Q 大学でも学部間では平等で，アクターの重みは，同じである．情報系学部のアクターがマルチメディア利用やネットワーク環境を重要視するのに対し，社会科学系学部では，クライアントコンピュータを重要視する．授業利用の多いアクターの意見を軽視しているのではないだろうか？

　また，保守・管理に関しては，実際のユーザにはあまりみえない部分であり，コンピュータセンターの役員とは異なり，学部から選出された委員の重みは低くなる傾向があった．また，学部の代表は，保守・管理に関しての知識や経験が少なく，一対比較は，難しいかもしれない．そこで，学部代表の選考委員は保守・管理に関する一対比較を行わないことも考えられる．選考委員会全体の一対比較表を各委員の一対比較値の幾何平均値で求める．保守・管理に関する一対比較値は，学部代表を除く 4 人の一対比較値の幾何平均値とする．

6.5.3　直接評価の注意

　直接評価をするときの注意として，各基準の評価値は，一対比較による評価値の場合と同様，合計が 1 になるように変換しておかねばならないということがある．

　例えば，2 つの基準 X，Y で，代替案（正規化）A，B，C，D を評価するとき，X に関しては 100 点満点，Y に関しては 10 点満点で評価したとする（表

96

6.5 直接評価と一対比較の併用──コンピュータシステムの評価

6.12）．このことは基準 X が Y に比べて 10 倍大きな単位で評価されていると
いうことである．その結果，一対比較で得られた基準間の重みに加えて，満点
の違いによる 10 倍の重みが基準 X に加味されてしまう（例えば，基準間の重
みが 3 対 1 とすると，満点の違いにより，基準の重みの比は 30 対 1 になる）．

表 6.12　直接評価の評価値（悪い例）

	A	B	C	D	合計
基準 X	35	55	90	80	260
基準 Y	9	7	5	3	24

そこで，表 6.13 のように，合計が 1 になるように，各評価値を合計（基準
X の場合 260，Y の場合 24）で割った値を使用しなくてはならない．

表 6.13　直接評価の評価値（修正後）

	A	B	C	D	合計
基準 X	0.1346	0.2115	0.3462	0.3077	1.0000
基準 Y	0.3750	0.2917	0.2083	0.1250	1.0000

第7章

AHP を使って
システムを作る

　第4章で，AHP のしくみを理解しつつ，AHP のモデルの計算方法を説明した．本章では，一対比較のみを意思決定者に入力してもらい，グラフ化まで自動計算するシステムを作成したり，このシステムを利用して，お勧めの商品やサービスを提示するシステムを作成したりする．また，多くの計算式の設定をせず，VBA で作成した AHP の関数を利用して簡単に AHP を使ったモデルやシステムを計算できるようにする．

第7章 AHPを使ってシステムを作る

7.1 自動計算するシステムの作成

　第4章の計算方法は，一対比較は紙で行い，シートとシートの間の転記は値貼り付けによる手作業であった．このやり方は，AHPに慣れないあいだやそのモデルの計算が1回限りであるときを想定している．

　本節では，一対比較はExcelの画面上で行い，シート間の転記は，Excelの計算式で行う．これにより，1回作成したAHPモデルのファイルを複写し，複数の意思決定者が一対比較のみを行って，総合評価値などの情報を簡単に取得することができる．

　例題として，スポーツクラブの選定のファイル（AHPCalc_Ex_SportClub.xlsx）から変更していく．完成例は，AHPCalc_auto_Ex_SportClub.xlsx である．

7.1.1 アンケート用紙の変更

　第4章では，代替案間のアンケート用紙は，ひとつのシートであったが，ここでは基準の数分複写する．あとで分からなくなることを防止するために，シート名を基準名に変更しておくとよいだろう．

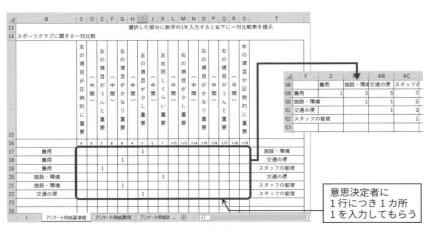

図7.1　一対比較値の入力

7.1 自動計算するシステムの作成

　図 7.1 のように，基準間の一対比較のアンケート用紙に，意思決定者（アンケート対象者）は該当するセルに数字の 1 を入力していく．ただし，一対比較するすべての行について，各 1 カ所のみ 1 を入力する．入力結果は，シート右下のセル Y58 から一対比較表として表示される（図 7.2）．

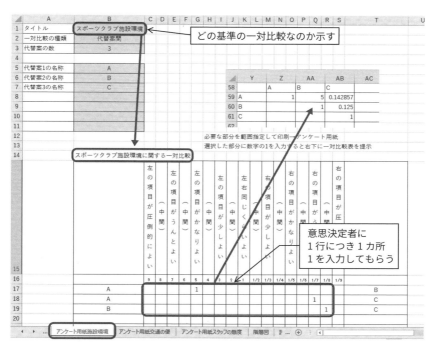

図 7.2　代替案間の一対比較

7.1.2 アンケート用紙の一対比較値を重要度計算のシートに転記する計算式の設定

　アンケート用紙の一対比較で，1 を入力したセルが変更されると自動的に基準間の重要度を計算するシートに反映させるため，図 7.3 のように計算式で転記を指定する．

(1) シート「基準間」で，セル D6 をクリックする．
(2) 「=」を入力し，

101

(3) シート「アンケート用紙基準間」をクリックし，

(4) セル AA59 をクリックして，Enter キーを押す．

シート	セル	計算式
基準間	D6	=アンケート用紙基準間!AA59

(5) シート「基準間」のセル D6 の計算式を複写する．

複写元	セル D6（シート「基準間」）
複写先	セル E6, F6, E7, F7, F8

貼り付けのエリアが3角形なので，1つ1つ貼り付けの作業を行うか，複数の範囲の指定（2つめ以降の範囲は Ctrl キーを押しながら範囲指定）で貼り付ける範囲を指定する．

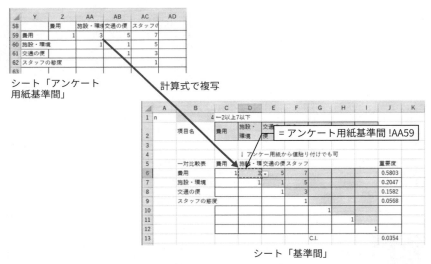

図 7.3　計算式で一対比較値を複写

同様に代替案間の一対比較値の計算式での複写を行う（図 7.4）．例えば，施設・環境の一対比較表の設定は，次のようになる．

シート	セル	計算式
施設・環境	D6	=アンケート用紙施設環境!AA59

計算式の複写は，次のようになる．

複写元	セル D6（シート「施設・環境」）
複写先	セル E6，E7

同様の作業を，「費用」「交通の便」「スタッフの態度」についても行う．

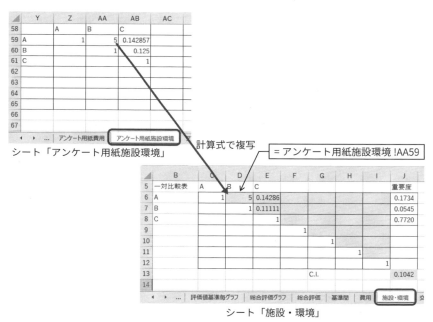

図 7.4　計算式で施設環境の一対比較値を複写

7.1.3　シート「総合評価」へ計算式で複写

7.1.1 項と 7.1.2 項で，アンケート用紙のシートで一対比較値を入力すると，「基準間」など重要度を計算するシートに自動で転記され，そこで，重要度が計算される．この計算結果をシート「総合評価」に計算式で複写する．これにより，一対比較値を入力すれば総合評価値が計算され，あわせて，グラフなども更新される．

第7章 AHPを使ってシステムを作る

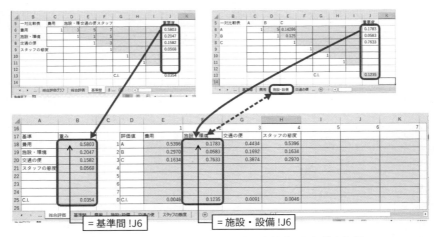

図 7.5 シート「総合評価」に重要度や各基準の評価値を転記

(1) シート「総合評価」を選択する．
(2) セル B18（費用の重要度のセル）をクリックし，「=」を入力，
(3) シート「基準間」のセル J6 をクリックして，Enter キーを押す．

シート	セル	計算式
総合評価	B18	=基準間!J6

(4) セル B18 の計算式をセル範囲 B19：B25 に複写．

複写元	セル B18
複写先	セル範囲 B19：B25

同様に各基準の代替案の評価値を複写する．例えば，「施設・環境」については，次のように設定する．

シート	セル	計算式
総合評価	F18	=施設・環境!J6

セル B18 の計算式をセル範囲 B19：B25 に複写．

複写元	セル F18
複写先	セル範囲 F19：F25

同様の作業を「費用」「交通の便」「スタッフの態度」について行う．

以上で，自動計算するファイルの完成である．このファイルのアンケートの一対比較を入力する部分（1を入力する部分）を消して，配布すれば，自動計算で，各回答者の分析をすることができる．

7.2 欠損値がある場合や一対比較の項目数が多い場合

7.2.1 欠損値がある場合

AHPの場合一対比較は全項目の組み合わせについて行うのが基本である．しかし，どうしても比較が難しかったり，アンケート調査などで回答し忘れ（再調査できない場合）たりすることにより，欠損値（未回答の値）が存在することがある．そのとき，他の一対比較値からその値を補って，重みを計算する方法がある．それが，ハーカーの方法である．その方法は，8.2節で説明するが，欠損値を含んだ回答を計算するファイル AHPCalc_Harker.xlsx を用意した．

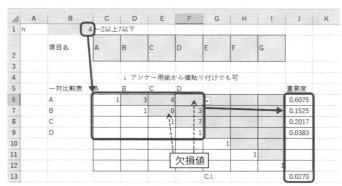

図 7.6　欠損値を含めた一対比較から重みの計算（AHPCalc_Harker.xlsx）

図 7.6 は，AHPCalc_Harker.xlsx のシート「pc_n_Harker」である．AHPCalc.xlsx とほぼ同様の使い方ができる．欠損値のセルには 0 を入力または未入力としておく．C.I.（整合度）の値も計算されるが，C.I. の値は欠損値

第7章　AHP を使ってシステムを作る

が増えれば小さく（よくなる）傾向があるので，参考程度の値である．

　欠損値での回答を認める場合，AHPCalc.xlsx のシート「pc_n」の代わりに，AHPCalc_Harker.xlsx からシート「pc_n_Harker」を「シートのコピー」を使って利用する．

7.2.2　一対比較の項目数が多い場合

　5.1 節で一対比較の項目数は，人間が行う場合，7 か 8 くらいまでが限界であると書いた．基準が多い場合，分岐型にする方法も述べた．しかし，代替案数が多い場合もある．そこで，基準数，代替案数 15 まで対応した AHPCalc_big.xlsx を用意した（表 7.1）．

表 7.1　AHPCalc_big.xlsx の内容

シート	内　容
アンケート用紙 _big	15 項目まで対応したアンケート用紙
総合評価 _big	基準数，代替案数ともに 15 まで対応した総合評価値の計算表
p_n_big	15 項目まで対応した一対比較表から重みを求める表
p_n_big_di	一対比較値の入力にプルダウンメニューを用いない表
pc_n_big_di_Harker	欠損値に対応した 15 項目までの一対比較表から重みを求める表

7.3 AHPを使ったお勧めの商品やサービスの提示システム（応用例）

7.1節までに作成したシステムに，一工夫を加えることにより，お勧めの商品やサービスの提示システムを作成できる．好みを入力し，基準間の一対比較を行えば，お勧めの商品やサービスを提示するシステムであり，また，グラフにより，なぜこの商品やサービスがお勧めなのかも示してくれる．

例題は，「川崎市多摩区から行くお勧めの公園」を示すものである．高萩ゼミのゼミ生のOさんはお散歩が大好きで，AHPでお勧めの散歩先を提示するシステムを作成した．このシステムがたいへん面白いものなので，例題として，大学のキャンパス（川崎市多摩区）から行くお勧めの公園の提示システムを作成してみた．完成例は，AHP_rec_KawasakiParks.xlsxである．

7.3.1 基準，代替案の選択

5.1節で述べたように，汎用型AHPは多くの人が利用する．そのため，基準に関しては，多くの人が想定する基準を選択する必要がある．ただし，あまり範囲を広げてしまうと問題が大きくなりすぎて手に負えなくなるので，ある程度，対象の人や問題をしぼる必要がある．例題では，対象を川崎市多摩区に住んでいる人や学校などに通っている人とし，そこから気軽に行ける公園にしている．

また，基準に関しては，人により好みが異なることがある．人により，古い歴史的な観光スポット（古民家など）が好みの人と現代的なオブジェや施設が好みの人に分かれるとした．

代替案は，それぞれの基準でよいものを含めるようにする．「植物の充実」という基準があれば，林や植物園をもつような公園を含めるようにする．

図7.7は，例題の階層図である．基準は以下の5基準とした．

アクセス　　川崎市多摩区（JR登戸駅付近）から，公共交通機関と徒歩による目的地までのアクセスの利便性．

お散歩の充実　公園などでお散歩を楽しめるか．

おやつの充実 売店やカフェなどで，名物や美味しいものがあるか．
植物の充実 花をみたり，珍しい植物があったり，森林浴をできるか？
観光スポット 歴史的な建物や現代的なオブジェがあったり，美術品の展示館があったりするか．人の好みにより，「歴史的なもの」と「現代的なもの」を選択できるようにした．

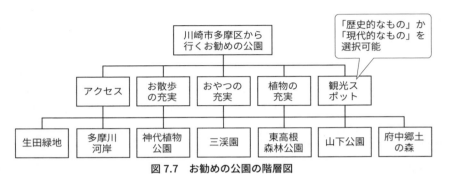

図 7.7　お勧めの公園の階層図

代替案は，半日程度で行ける 7 カ所の公園などにした．

生田緑地　　多摩区にある公園．岡本太郎美術館，民家園，プラネタリウムなどがある．
多摩川河岸　登戸付近の川崎市側多摩川河岸の堤防の遊歩道．
神代植物公園　多摩区隣接市（調布市）にある植物園．深大寺に隣接しており，園外であるが茶店などもある．
三渓園　　横浜市にあり，公共交通機関で 1 時間強かかる．日本庭園と文化財がある．
東高根森林公園　隣接区にある森林公園．
山下公園　横浜の海岸の公園．公共交通機関で 1 時間弱かかる．
府中郷土の森　公園の他，博物館などがある．

7.3 AHPを使ったお勧めの商品やサービスの提示システム（応用例）

7.3.2 全体の流れ

図7.8のように，好みと基準間の一対比較を行うと図7.10のような重要度をもっていることが分かり，図7.10のようなグラフで，お勧めの公園が提示される．図7.9より，植物の充実と観光スポットの充実（歴史的なもの）に高い重要度がおかれ，図7.10より，観光スポットの充実と植物の充実の評価値が高い三渓園が選ばれていることが分かる．東高根森林公園は，植物の評価値は高いが，観光スポットの充実は評価値が低いことにより2位になっている．

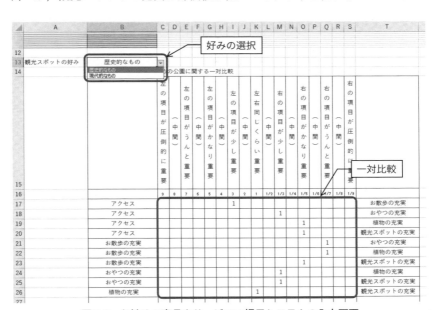

図7.8　お勧めの商品やサービスの提示システムの入力画面

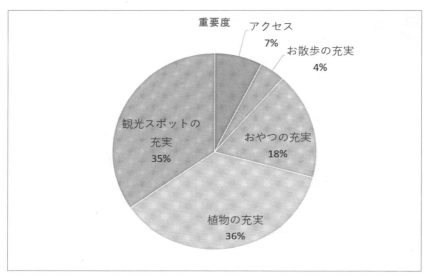

図 7.9　図 7.8 の一対比較による各基準の重要度

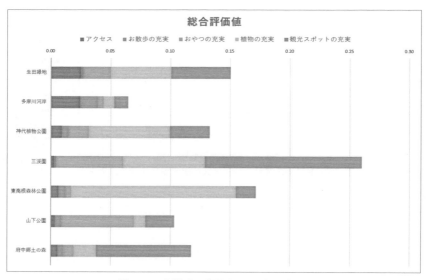

図 7.10　お勧めの商品やサービスの提示

お勧めの商品やサービスの提示システムの計算手順を図 7.11 に示す．

7.3 AHP を使ったお勧めの商品やサービスの提示システム（応用例）

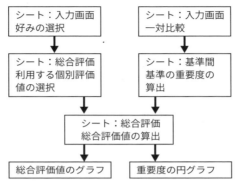

図 7.11　お勧めの商品やサービスの提示システムの計算手順

7.3.3 一対比較

基準間の一対比較と代替案間の一対比較を行い，7.1 節で示したように，計算式を設定していけば，基本的には完成である．ただし，「観光スポットの充実」は，「歴史的なもの」と「現代的なもの」で選択するので，「歴史的なもので観光スポットが充実している」という基準と「現代的なもので観光スポットが充実している」という基準の 2 つについて，一対比較をする．それぞれについて重み（個別評価値）を計算するシートは，「歴史的」と「現代的」にした．

7.3.4 入力画面の作成

図 7.8 のように基準間の一対比較のシートを「入力画面」に変更する．そのシート「入力画面」のセル B13 に好みを選択するセルを追加する．プルダウンメニューで選択できるようにするため，

シート	セル	値
入力画面	A43	歴史的なもの
入力画面	A44	現代的なもの

とし，セル B13 に Excel のデータの入力規則で，この 2 つに制限をする．

第 7 章　AHP を使ってシステムを作る

(1) セル B13 をクリック．
(2) リボンから「データ」→「データツール」のなかの「データの入力規則」
　　→「データの入力規則」を選択．
(3) 「設定」タブで，次のように設定する．

入力値の種類	リスト
元の値	=$A$43：$A$44（A43：A44 を範囲指定）

また，1 行目から 11 行目までは，このシステムの利用者には不要なので行の高さを変更して隠している．

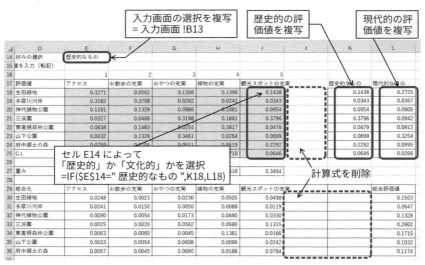

図 7.12　シート「総合評価」の変更

7.3 AHPを使ったお勧めの商品やサービスの提示システム（応用例）

7.3.5 総合評価の計算シートの変更

シート「総合評価」は，次のように変更する．

(1) セルE14に，シート「入力画面」で設定した好みを計算式で複写する．

シート	セル	計算式
総合評価	E14	=入力画面!B13

(2)「歴史的なもの」と「現代的なもの」の評価値を転記し，下へ複写する．

シート	セル	計算式
総合評価	K18	=歴史的!J6
総合評価	L18	=現代的!J6

複写元	K18：L18
複写先	K19：L25

(3) 好みの選択により，「歴史的なもの」か「現代的なもの」のどちらかを計算式で複写する．

シート	セル	計算式
総合評価	I18	=IF($E$14="歴史的なもの",K18,L18)

複写元	セルI18
複写先	I19：I25

(4) 図7.12の点線で囲まれた部分のように，不要な計算式は削除する．

以上で，AHPを使ったお勧めの商品やサービスの提示システムが完成する．比較的簡単にでき，実際に人に利用してもらうことにより，モデルの善し悪しや改良点がみえてくる．

113

7.4 3階層以外のAHPの計算——ミニAHPの利用

7.4.1 ミニAHP

　第5章で，満足のいく結果が得られなかったときは，必要な基準が抜けていないか，不要な基準がまぎれ込んでいないか，あるいはある基準が二重基準（ダブルスタンダード）になっていないか，などを調べるべきであると述べた．もしある基準が2つ以上の基準を含んでいれば，その基準をいくつかの副基準に分けるようにすべきだと述べた．基準を副基準に分けると，階層構造は，「問題－基準－代替案」のまん中の基準が2層以上の部分的分岐型になる．

　もとの階層構造を活かして，改造された部分的分岐型AHPでの評価値の総合化を求めるやり方を紹介しよう．例題は，引き続き「スポーツクラブの選択」を用いる．このAHPの作成者は，スポーツクラブで，主にプール，ジム，サウナを利用しようと考えており，これらの施設・環境について，そのよさの程度を考慮に入れようと思う．3つのスポーツクラブそれぞれ，優れている施設が異なり，プールはA，ジムはB，サウナはCが優れている．

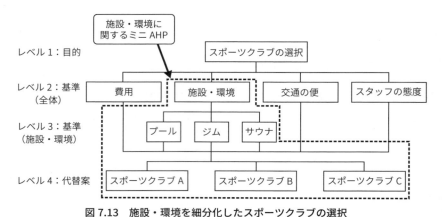

図7.13　施設・環境を細分化したスポーツクラブの選択

　「施設・環境」の下に「プール」「ジム」「サウナ」を副基準としてもつ，図7.13の点線で囲まれた部分をミニAHPと呼ぶことにする．このミニAHP以

7.4 3階層以外の AHP の計算——ミニ AHP の利用

外の部分の一対比較と評価値はすでに得られているものとしよう．すなわちレベル2の基準間の重みや施設・環境を除く費用，交通の便，スタッフの態度からみた代替案の評価値は第2章で得られている（表7.2）．そこで，ミニ AHP 部分の一対比較と評価値（表7.2の＊印の値）を求めればよいことになる．

表 7.2　スポーツクラブの例の各基準の重みと各代替案の評価値（＊はミニ AHP で求める）

	費用	施設・環境	交通の便	スタッフの態度
重み	0.5803	0.2047	0.1572	0.0568
スポーツクラブ A	0.5396	＊	0.4434	0.5396
スポーツクラブ B	0.2970	＊	0.1692	0.1634
スポーツクラブ C	0.1634	＊	0.3874	0.2970

7.4.2　ミニ AHP の実行と総合化

　ミニ AHP の実行手順は通常の完全型のときの手順とまったく変わらない．すなわち，基準「施設・環境」を目的とし，下に「プール」「ジム」「サウナ」という3つの基準，さらにその下に3つのスポーツクラブを代替案としてもつ3層からなる完全型 AHP の実行手順を踏めばよい．例題は，AHPCalc_Ex_MiniAHPSportClub.xlsx にある．

（1）基準間の一対比較を行う．

シート	一対比較の内容
全体基準間	図 7.13 のレベル2の一対比較
施設環境基準間	図 7.13 のレベル3の一対比較（プール・ジム・サウナ間の一対比較）

（2）代替案間の一対比較は，すでに求めてある費用，交通の便，スタッフの態度についてと，あらたにプール，ジム，サウナについて行う（施設・環境についての代替案間の一対比較は行う必要はない）．

（3）シート「総合評価」をコピーし「施設環境総合評価」とし，ミニ AHP（施設・環境）の総合評価値を求める．ミニ AHP の重要度や評価値を用いて，施設・環境の総合評価値を求める（図 7.14）．

115

第7章 AHPを使ってシステムを作る

シート	セル	計算式
施設環境総合評価	B18	=' 施設環境基準間 '!J6
施設環境総合評価	E18	= プール !J6
施設環境総合評価	F18	= ジム !J6
施設環境総合評価	G18	= サウナ !J6

複写元セル	B18
複写先セル範囲	B19：B25

複写元セル範囲	E18：G18
複写先セル範囲	C19：E25

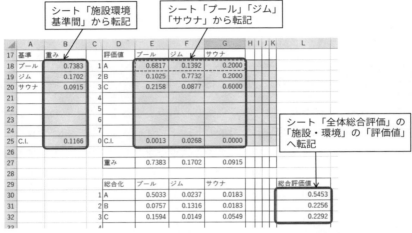

図 7.14 施設・環境の総合評価値の計算シート（シート「施設環境総合評価」）

総合評価のシートを「全体総合評価」とし，ミニAHP（施設・環境）の総合評価値を施設・環境の評価値として利用する（図 7.15）．

シート	セル	計算式
全体総合評価	F18	=' 施設環境総合評価 '!L30

複写元セル	F18
複写先セル範囲	F19：F20

シート「施設環境総合評価」から転記

	A	B	C	D	E	F	G	H	I	J	K	L
17	基準	重み		評価値	費用	施設・環境	交通の便	スタッフの態度				
18	費用	0.5803	1	A	0.5396	0.5453	0.4434	0.5396				
19	施設・環境	0.2047	2	B	0.2970	0.2256	0.1692	0.1634				
20	交通の便	0.1582	3	C	0.1634	0.2292	0.3874	0.2970				
21	スタッフの態度	0.0568	4									
22			5									
23			6									
24			7									
25	C.I.	0.0354	0	C.I.	0.0046		0.0091	0.0046				
26												
27				重み	0.5803	0.2047	0.1582	0.0568				
28												
29				総合化	費用	施設・環境	交通の便	スタッフの態度				総合評価値
30			1	A	0.3132	0.1116	0.0701	0.0307				0.5256
31			2	B	0.1723	0.0462	0.0268	0.0093				0.2546
32			3	C	0.0948	0.0469	0.0613	0.0169				0.2199

図 7.15　全体の総合評価（シート「全体総合評価」）

7.5　マクロを使った計算

これまでは，Excel のマクロを使わずに AHP の計算を行ってきた．しかし，AHPCalc.xlsx のシート「pc_n」のように，シート右側などに大きな計算用エリアを必要とする．そこで，簡単に計算式を設定できるように，Excel VBA のマクロを使い，AHP 用の関数をいくつか定義した．しかし，セキュリティ上の問題で利用できない場合や Excel 以外の表計算ソフトウェアでは実行できない場合がある．本節の Excel のファイルは，AHPcalc_macro.xlsm である．

■ Excel で開いたときのメッセージ

マクロを利用しているので，このファイルを起動すると，「セキュリティーの警告　無効にされました」と表示される．このファイルを利用するには，「コンテンツの有効化」のボタンをクリックする．

7.5.1　一対比較表から重みと C.I. を計算

図 7.16 のように，一対比較表を作成する（シート「一対比較表から重み」）．一対比較値は，右上の部分のみでよい．左下の部分はマクロ内部で計算される．図では，対角の 1 も入力してあるが，これも省略してもよい．

第 7 章 AHP を使ってシステムを作る

　この関数の出力値は重み（この場合 4 つ）と C.I. の 5 個になる．そのため，通常の Excel の関数の設定の仕方とは若干異なる．

(1) 重みを出力する範囲を指定．範囲は，縦に一対比較の項目数 +1 個を指定する．図 7.16 の場合，項目数は 4 なので，G3：G7 の 5 個のセル範囲を指定する．
(2) 関数を入力する．キーボードから「=AHPtable(」と入力し，マウスで C3：F6 を範囲指定し，キーボードから「)」を入力する（ここでは，Enter キーを押さない）．
(3) キーボードから，Ctrl キーと Shift キーを押しながら，Enter キーを押す．

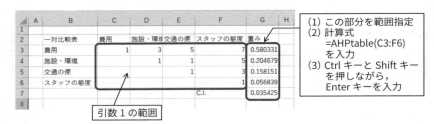

図 7.16　一対比較表から重みと C.I. を計算

　次に，関数 AHPtable の仕様を示す．引数 2 に True を指定すると，欠損値があっても計算できる．

関数名	AHPtable
機能	一対比較表から，固有値法により重み，C.I. を計算する．
引数 1	一対比較表の範囲(ただし,一対比較表の右上しか利用しない)．
引数 2	欠損値を許すか？　True：許す，False：許さない，省略した場合は False.
戻り値	重みと C.I. 最初の項目数分は重みで，最後の 1 個が C.I. 縦に出力．

7.5.2 1つのAHPモデルを1つのシートにまとめる

　マクロを使わない方法では，重みの計算に大きなエリアを必要としたため，1つのモデルの計算に1個のファイルを必要としていた．

　マクロを使うことにより，1つのシートにまとめることができ，同じモデルを複数の人に実施した場合の比較が容易になる．

7.5.3 一対比較

　図7.17のように，シート「スポーツクラブの選定」の上方に総合化の計算をする部分を作成する．ただし，評価値や重みなどの数値が入る部分は7.5.4項で計算式を設定する．

1	スポーツクラブの					
2	総合化					
3						
4	評価値	費用	施設・環境	交通の便	スタッフの態度	
5	クラブA					
6	クラブB					
7	クラブC					
8						
9	重み					
10						
11	総合化	費用	施設・環境	交通の便	スタッフの態度	総合評価値
12	クラブA					
13	クラブB					
14	クラブC					
15						

図7.17　総合評価値を計算する部分を作成（数値の部分は後に設定）

基準間の一対比較

	費用	施設・環境	交通の便	スタッフの態度	重み
費用	1	3	5	7	=AHPtable(C19:F22)
施設・環境		1	1	5	=AHPtable(C19:F22)
交通の便			1	3	=AHPtable(C19:F22)
スタッフの態度				1	=AHPtable(C19:F22)
				C.I.	=AHPtable(C19:F22)

（1）この部分を範囲指定
（2）計算式
　　=AHPtable(C19:F22)
　　を入力
（3）CtrlキーとShiftキーを押しながら，Enterキーを入力

図7.18　基準間の一対比較（数式の表示）

第 7 章　AHP を使ってシステムを作る

　一対比較表から重みを計算するのは 7.5.1 項と同様に行う（図 7.18）また，代替案間の一対比較も同様に行う（図 7.19）．

　分数の一対比較値を入力するとき，「=1/3」のように計算式で入力する．間違って，「=」をつけずに入力した場合，日付になってしまうので，セルの書式設定で「標準」に戻してから「=」をつけて入力する．

　図 7.19 の表は，他の代替案間の一対比較と行数，列数が同じであるので，コピーして，一対比較値を変更することにより，他の基準の表を簡単に作ることができる．

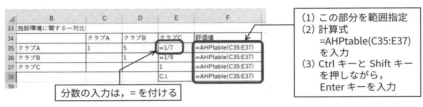

図 7.19　代替案間の一対比較

7.5.4　総合化

■ 重みの転記

　重みの表に，基準間の一対比較表から求めた重みを転記する．ただし，一対比較表の値と連動させるため，「= セルの番地」という計算式で設定する．

セル	C9	D9	E9	F9
計算式	=G19	=G20	=G21	=G22

　計算式は，行と列の入れ替えがあるので，各セルに対し手動で計算式を設定した（図 7.20）．

■ 評価値の転記

　重みと同様に，計算式で転記する．ただし，各基準で 1 つ（クラブ A）の計算式を設定すれば，他は複写で設定できる．費用に関しては，次のように行う．

セル	C5	D5	E5	F5
計算式	=F28	=F35	=F42	=F49

複写元セル範囲	C5：F5
複写先セル範囲	C6：F7

▲	B	C	D	E	F	G
1	スポーツクラブの					
2	総合化					
3						
4	評価値	費用	施設・環境	交通の便	スタッフの態度	
5	クラブA	=F28	=F35	=F42	=F49	
6	クラブB	=F29	=F36	=F43	=F50	
7	クラブC	=F30	=F37	=F44	=F51	
8						
9	重み	=G19	=G20	=G21	=G22	
10						
11	総合化	費用	施設・環境	交通の便	スタッフの態度	総合評価値
12	クラブA	=C5*C$9	=D5*D$9	=E5*E$9	=F5*F$9	=SUM(C12:F12)
13	クラブB	=C6*C$9	=D6*D$9	=E6*E$9	=F6*F$9	=SUM(C13:F13)
14	クラブC	=C7*C$9	=D7*D$9	=E7*E$9	=F7*F$9	=SUM(C14:F14)
15						

図 7.20　総合化の計算式

■ 各評価値×重みを計算

　クラブ A の費用に関する評価値は 0.5396，費用の重みは 0.5803 であるので，総合化の表には，その積を求める計算式「=C5*C9」を記入する．他の代替案の他の基準についての計算式も同様であるので，この計算式を複写して利用する．しかし，クラブ B（13 行目），クラブ C（14 行目）と下に移動しても，重みはいつも 9 行目で変わらない．そこで，セル C9 の 9 がいつも 9 であるように，9 の前に「$」マークをつけて，絶対参照とする．

セル	計算式
C12	=C5*C$9

この式を，複写する．

複写元セル	C12
複写先セル範囲	C12：F14

■ 各行の合計を計算

総合化の表の各行の合計を計算し，総合評価値とする．

セル	計算式
G12	=SUM(C12：F12)

他の代替案も同様の計算式なので，複写する．

複写元セル	G12
複写先セル範囲	G13：G14

グラフ化は，2.5 節で説明した方法と同様の方法で作成できる．

各一対比較表の一対比較値を修正すると，自動的に，各重み，評価値（C.I.）の値が変化し，総合評価値が計算しなおされる．そこで，他の人に一対比較を行ってもらい，この表に入力し，結果がどのように変化するのかを分析することができる．

絶対参照と相対参照　　　　　　　　　　　COLUMN

Excel などの表計算ソフトでは，セルの参照方式が 2 つある．相対参照と絶対参照である．

相対参照

相対参照は，よく使われる参照方式で，意識せずに使っている．単純に計算式を設定すれば，この相対参照が使われる．

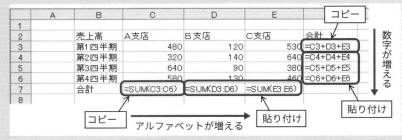

図 7.21　相対座標

7.5 マクロを使った計算

図 7.21 は，支店，四半期別の売り上げを，支店ごと，四半期ごとに集計したものである．各列，各行ごとに合計を計算している．

四半期ごとの合計では，セル F3 に各支店の合計を計算する計算式「=C3+D3+E3」を設定し，それをセル F4 からセル F6 に複写している．セル F4 の計算式は，「=C4+D4+E4」となり，計算式内で使われるセルのアドレスの数字が 3→4 に，1 増えている．このように，下に複写すると，数字を 1 増やすことにより，複写元のセル F3 の意味（左 3 つのセルの和を計算する）を複写先のセルでも維持している．同様に，セル F5，F6 でも数字を 1 つずつ増やすことにより，正しく計算できる．

支店ごとの合計では，セル C7 に計算式を設定して，セル D7 からセル E7 に複写している．右に複写した場合は，セルのアルファベットを増やしている．セル C7 のセル範囲 C3：C6 は，セル D7 ではセル範囲 D3：D6 になっている．これも，セル C7 の意味（上 4 つのセルの合計を求める）を複写先でも維持している．

したがって，相対参照（通常の設定）では，下に複写すれば数字を，右に複写すればアルファベットを 1 つ移動するごとに 1 つ増やしている．

絶対参照

相対参照の方式で複写すれば，多くの場合，正しく計算式を設定できるが，間違った計算式になる場合がある．

	A	B	C	D	E	F	G
4		評価値	費用	施設・環境	交通の便	スタッフの態度	
5		クラブA	0.5396	0.1734	0.4434	0.5396	
6		クラブB	0.297	0.0545	0.1692	0.1634	
7		クラブC	0.1634	0.772	0.3874	0.297	
8							
9		重み	0.5803	0.2047	0.1582	0.0568	
10							
11		総合化	費用	施設・環境	交通の便	スタッフの態度	総合評価値
12		クラブA	=C5*C9	=D5*D9	=E5*E9	=F5*F9	=SUM(C12:F12)
13		クラブB	=C6*C10	=D6*D10	=E6*E10	=F6*F10	=SUM(C13:F13)
14		クラブC	=C7*C11	=D7*D11	=E7*E11	=F7*F11	=SUM(C14:F14)
15							

図 7.22 相対参照ではうまくいかない例

図 7.22 は，AHP の総合化の例で，セル C12 の計算式に絶対参照を使わず，すべて相対参照で設定したものである．セル C12 の計算式は，「=C5*C9」で，クラブ A の費用の評価値（セル C5）と費用の重み（セル C9）の積を求めている．これを下に複写すると，数字が 1 ずつ増えていく．したがって，セル C13 の計算式は，セル C5 がセル C6，セル C9 がセル C10 になり，「=C6*C10」となる．しかし，セル C13 は，クラブ B の費用の評価値（セル C6）と費用の重み（セ

第 7 章　AHP を使ってシステムを作る

ル C9）の積を求めるセルである．セル C10 は，費用の重みのセルではない．
これは，使用する重みの行は，いつも 9 行目で，下に複写しても 9 行目は変
えてはいけないのに，相対参照の機能により 1 つ増えてしまったためである．
　このような場合，相対参照の機能をやめて，下に複写しても数字が増えな
いようにする．これが絶対参照といわれる機能で，複写しても変化させたく
ない数字（またはアルファベット）の前に，「\$」マークをつける．したがって，
セル C12 の計算式は，「=C5*C\$9」となる．これを複写すれば，図 7.20 の計
算式のように，重みの行は，いつも 9 行目となる．

7.6　一対比較を利用したアンケート

7.6.1　アンケートの概要

　AHP で使われている一対比較を利用して，アンケート回答者がどのような
好みをもつのかを分析できる．例えば，ある自治体（架空）で新公共交通機関
の建設を計画しており，その経路や方式（地下鉄，モノレール，トラム（路面
電車），高架鉄道）をどのようにするかにあたり，4 つの基準を設け，どの基
準をどの程度重要視するのかを住民にアンケート調査することにした.基準は，

採算性　　建設費および開通後の収支を勘案し，自治体の負担が少なくて
　　　　　すむか？
利便性　　住民がどれくらい,鉄道の開通により便利になるのか？　通勤,
　　　　　通学，買い物，通院時間の短縮，交通渋滞の解消など.
地域振興　商店街の活性化や観光の振興に貢献するか？
環境　　　自然環境や景観，文化遺産を破壊しないか？　排気ガスなどに
　　　　　よる環境悪化を改善できるか？

とする．一対比較以外に，性別，年齢，職業，居住地域，勤務先（通学先）地
域などを問えば，基準の重みとの関連を分析できる．このアンケート調査によ
り，住民がどのような基準に重みをおいているのかを知り，意思決定の参考に
することができる．

7.6 一対比較を利用したアンケート

7.6.2 アンケートの作成

一対比較の部分は，Excel ファイル AHPCalc.xlsx のシート「アンケート用紙」を使って作成する．ただし，一対比較による回答は，回答者が慣れていないため，回答方法の説明には十分注意する必要がある．例えば，図 7.23 のような回答例を示すとよいだろう．また，アンケート用紙の作成例を図 7.24 に示す．

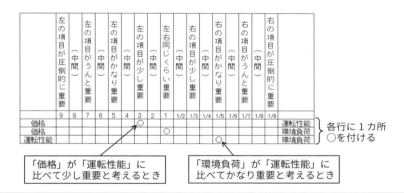

図 7.23 　回答例の提示例

第 7 章　AHP を使ってシステムを作る

　（Q）新公共輸送機関の経路や方式（トラム、モノレール、地下鉄、高架鉄道）を決定するにあたり、どの基準をどれくらい重要視すべきなのかを回答してください。回答方法は、各基準を 1 つずつペアにして、どちらの基準をどれくらい重要視するかを回答する方法（一対比較）です。回答法は、一対比較回答方法を参照してください。それぞれの基準の意味は次のようになっています。

採算性：　建設費および開通後の収支を勘案し、どれくらい自治体の負担が少なくて済むか？
利便性：　住民がどれくらい、鉄道の開通により便利になるのか？
　　　　　通勤、通学、買い物、通院時間の短縮、交通渋滞の解消
地域振興：商店街の活性化や観光の振興に貢献するか？
環境：　　自然環境や景観、文化遺産を破壊しないか？　排気ガスなどによる環境悪化を改善できるか？

	左の項目が圧倒的に重要	左の項目がうんと重要（中間）	左の項目がかなり重要（中間）	左の項目が少し重要（中間）	左右同じくらい重要（中間）	右の項目が少し重要（中間）	右の項目がかなり重要（中間）	右の項目がうんと重要（中間）	右の項目が圧倒的に重要（中間）	
	9	8	7	6	5	4	3	2	1	1/2	1/3	1/4	1/5	1/6	1/7	1/8	1/9	
採算性																		利便性
採算性																		地域振興
採算性																		環境
利便性																		地域振興
利便性																		環境
地域振興																		環境

図 7.24　アンケート用紙（例）

　一対比較による回答は，回答者はあまり慣れていない人が多い．できれば，事前に図 7.23 のような回答例を用い，（口頭などで）回答の仕方を説明したほうがよい．一部の回答をしなくてもよいようにもできる．その場合，「どうしても回答しにくい基準間の比較は未記入でも結構です．」というような文言を追加することができる．一対比較は，一部回答しなくても，ハーカーの方法で重みを推定できる．

7.6.3　アンケートの集計

■ データ入力

　データ入力は，図 7.25 のように，一対比較表の右上の部分のみ入力する．

126

7.6　一対比較を利用したアンケート

アンケート用紙の上から順番に入力していく．ただし，1/3 などを「=1/3」と入力するのは，手間がかかるので，「−3」と入力して，あとで変換することにする．また，未回答の部分は空白または「0」を入力する．

	A	B	C	D	E	F	G	H
1	NO	性別	採算性-利便性	採算性-地域振興	採算性-環境	利便性-地域振興	利便性-環境	地域振興-環境
2	1	M	-2	3	-3	3	-3	-7
3	2	F	-5	1	-3	4	3	2
4	3	M	-3		3	-3	5	7
5	4	F	3	5		5		
6								

図 7.25　アンケートの入力（1/a は，−a と負の値で入力）

負を含む入力値から一対比較値を次の計算式で求める．

セル	I2
計算式	=IF(C2<0,1/-C2,C2)
複写元セル	I2
複写先セル範囲	I2：N5

図 7.26 に，計算結果と計算式を示す．

	I	J	K	L	M	N
1	採算性-利便性(A)	採算性-地域振興(A)	採算性-環境(A)	利便性-地域振興(A)	利便性-環境(A)	地域振興-環境(A)
2	0.5	3	0.333333	3	0.333333	0.1428571
3	0.2	1	0.333333	4	3	2
4	0.333333	0	3	0.33333333	5	7
5	3	5		5	0	0
6						

	I	J	K	L	M	N
1	採算性-利便性(A)	採算性-地域振興(A)	採算性-環境(A)	利便性-地域振興(A)	利便性-環境(A)	地域振興-環境(A)
2	=IF(C2<0,1/-C2,C2)	=IF(D2<0,1/-D2,D2)	=IF(E2<0,1/-E2,E2)	=IF(F2<0,1/-F2,F2)	=IF(G2<0,1/-G2,G2)	=IF(H2<0,1/-H2,H2)
3	=IF(C3<0,1/-C3,C3)	=IF(D3<0,1/-D3,D3)	=IF(E3<0,1/-E3,E3)	=IF(F3<0,1/-F3,F3)	=IF(G3<0,1/-G3,G3)	=IF(H3<0,1/-H3,H3)
4	=IF(C4<0,1/-C4,C4)	=IF(D4<0,1/-D4,D4)	=IF(E4<0,1/-E4,E4)	=IF(F4<0,1/-F4,F4)	=IF(G4<0,1/-G4,G4)	=IF(H4<0,1/-H4,H4)
5	=IF(C5<0,1/-C5,C5)	=IF(D5<0,1/-D5,D5)	=IF(E5<0,1/-E5,E5)	=IF(F5<0,1/-F5,F5)	=IF(G5<0,1/-G5,G5)	=IF(H5<0,1/-H5,H5)
6						

図 7.26　一対比較値の変換（上：計算結果，下：計算式）

127

第 7 章　AHP を使ってシステムを作る

■ 計算可能性

欠損値(回答しない一対比較値)を含むので，重みを計算不可能なことがある．重みの計算を行う前に，入力した一対比較から重みを計算できるかチェックする．ハーカーの方法(8.2 節参照)では，計算不可能であっても重みが出力される．極端な場合，まったく一対比較を行わなくても，重みを計算できる（この場合，等重みなど適当な値が出力される）．この関数が AHPReachLine である．

関数名	AHPReachLine
機能	欠損値を含む一対比較表から，重み，C.I. が計算可能かを判断する．計算可能かどうかの基準は，すべての項目が直接的か間接的に一対比較を行っているかどうかである．一対比較値は一対比較表の右上の部分を 1 行にまとめた形式で指定する．
引数 1	一対比較表を 1 行で表現したものの範囲．0 以下の値は欠損値とする．
戻り値	True：計算可能，False：計算不可能．

まず，列 O に関数 AHPReachLine を使って，計算可能かどうか判断する．

セル	O2
計算式	=AHPReachLine(I2：N2)
複写元セル	O2
複写先セル範囲	O3：O5

■ 重みの計算

重みの計算は，関数 AHPtable を 1 行入力に対応した関数 AHPline を使う．

関数名	AHPline
機能	欠損値を含む一対比較表から，固有値法により重み，C.I. を計算する．欠損値を含まない場合でも利用できる．一対比較値は一対比較表の右上の部分を 1 行にまとめた形式で指定する．
引数 1	一対比較表を 1 行で表現したものの範囲．0 以下の値は欠損値と判断する．
戻り値	重みと C.I.

128

7.6 一対比較を利用したアンケート

最初の項目数分は重みで，最後の1個が C.I.
行方向横長に出力．

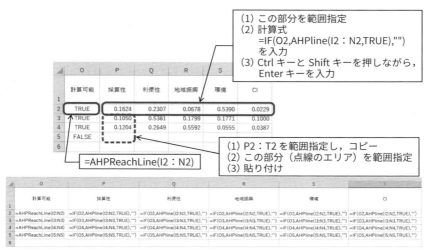

図 7.27　アンケートでの重みの計算

セル O2 が True で計算可能な場合のみ重みの計算をするので，関数 IF を使って，セル O2 が True のときのみ計算している．また，計算式の複写は，下記のようにする．

(1) 重みを出力する範囲を指定．範囲は，横に一対比較の項目数 +1 個を指定する．図 7.27 の場合，項目数は 4 なので，セル範囲 P2：T2 の 5 個のセルを指定する．

(2) 関数を入力する．キーボードから「=IF(O2,AHPline(I2：N2,TRUE),"")」を入力する（ここでは，Enter キーを押さない）．

(3) キーボードから，Ctrl キーと Shift キーを押しながら，Enter キーを押す．

(4) 計算式の複写のため，セル範囲 P2：T2 を範囲指定し，コピー．

(5) セル範囲 P2：P5（1 列のみ）を範囲指定して貼り付け（セル範囲 P2：T5 のように複数の列を指定することはできない）．

欠損値があるときも C.I. の値を計算しているが，ハーカーの方法では，欠損

第 7 章　AHP を使ってシステムを作る

値があると C.I. は小さくなるので，その場合は単純に比較はできない．

■ 分析方法の例──回答者の分類

　求めた重みから，回答者を分類することもできる．単純な方法は，(1) 最も重みが高い基準で分類することである．また，分類基準を設け，それにあてはまる型に分類する方法もある．例えば，(2) 重みが 0.5 以上の基準があれば，その基準を重要視する型，すべてが 0.5 未満であれば，「混合型」という方法である（図 7.28）．例えば，2 行目の回答は，「環境」が最も高く 0.5 以上であるので，「環境重視型」になる．

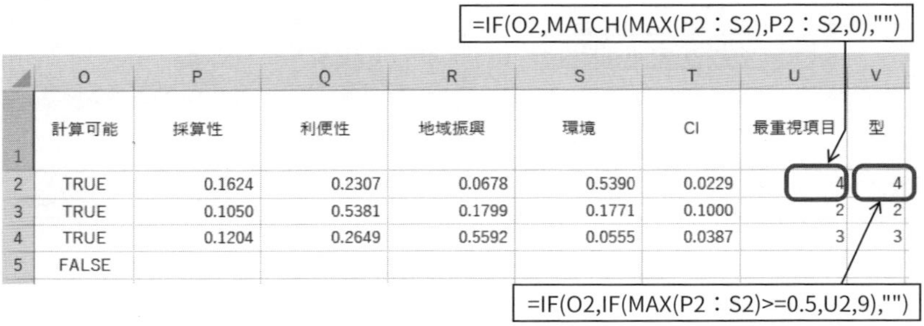

=IF(O2,MATCH(MAX(P2：S2),P2：S2,0),"")

	O	P	Q	R	S	T	U	V
1	計算可能	採算性	利便性	地域振興	環境	CI	最重視項目	型
2	TRUE	0.1624	0.2307	0.0678	0.5390	0.0229	4	4
3	TRUE	0.1050	0.5381	0.1799	0.1771	0.1000	2	2
4	TRUE	0.1204	0.2649	0.5592	0.0555	0.0387	3	3
5	FALSE							

=IF(O2,IF(MAX(P2：S2)>=0.5,U2,9),"")

図 7.28　回答者の分類

　セル U2 に，最大値が何番目の基準になるのかを求める．最大値は，Excel の関数 MAX を使い，MAX(P2：S2) で求めることができる．次に，セル範囲 P2：S2 のなかで，関数 MAX の値が何番目かを求めるために，Excel の関数 MATCH を使い，MATCH(MAX(P2：S2),P2：S2,0) とする．最後に，この計算は，セル O2 が TRUE のときのみ行うので，関数 IF で囲む．

セル	U2
計算式	=IF(O2,MATCH(MAX(P2：S2),P2：S2,0),"")

　次に型をセル V2 に求める．まず，最大値が 0.5 以上かどうかをチェックし，0.5 以上ならばセル U2 の最大値の基準の番号を出力し，最大値が 0.5 未満（どの基準も 0.5 未満）ならば，混合型として 9 を出力する（IF(MAX(P2：S2)>=0.5,U2,9)）．セル U2 と同様に，セル O2 が TRUE のときのみ出力するので，関数 IF で囲む．

130

セル	V2
計算式	=IF(O2,IF(MAX(P2：S2)>=0.5,U2,9),"")

最後に計算式を下に複写する.

複写元セル範囲	U2：V2
複写先セル範囲	U3：V5

7.6.4 集計

　求めた重みを集計し分析することができる.集計の仕方は,(算術)平均値などを使い,集計対象は,すべての計算可能な回答を使う.C.I.が悪い回答を除く方法も考えられるが,すべての回答を使うほうがよい.例えば,次に述べる授業科目の選択の例では,C.I.が0.15より大きい値の回答を集計対象外にすると約50％の回答が集計対象外なる.もし,C.I.の値で集計対象の回答を決めるのであれば,0.25など大きめの閾値にするほうがよい.ただし,授業選択の例では,0.25としても約30％の回答が集計対象外になった.

7.6.5 集計例──授業科目の選択

　集計例として,学生の授業選択の評価基準についてのアンケートを示す[†1].基準は次の4つで,全基準間の一対比較を回答するように求めた.ひとつでも回答していない回答は集計対象外とした.C.I.の値で回答を集計対象外にすることは行わなかった.

科目名　科目の名称が自分の履修計画や自分の興味にあっているかどうか.

担当教員　担当教員の授業の進め方,授業内容(成績評価は除く).

成績評価　単位をとりやすい,よい成績がとりやすいこと.

時間割　自分の都合のよい曜日や時限に開講されていること.

---

†1　このアンケートはAHPのアンケート調査を行うために実験的に行ったもので,サンプルに偏りがある.この結果から学生一般の選択基準を議論できない.

全回答のうち，すべての一対比較を行った回答について重みを求め，集計した．例えば，図 7.29 のように男女別に集計することができる．このグラフから，男女とも成績評価を重要視している．男女間では大きな違いはないが，強いていえば，男性は時間割，女性は担当教員をより重要視している．

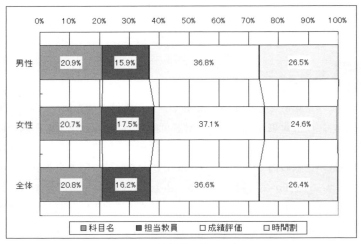

図 7.29　男女間の重みの違い

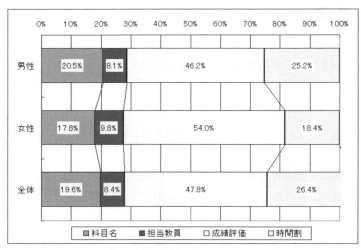

図 7.30　最も重視する項目

7.6 一対比較を利用したアンケート

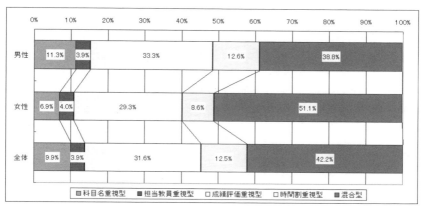

図 7.31 型による分類

　図 7.30 は，最大値の項目を集計したものである．約半数の学生が，成績評価を最も重要視している．図 7.31 は，5 つの型に分けて集計したものである．××重視型はそれぞれの項目の重みを 50 % 以上となった回答を集計し，混合型はどの項目も 50 % に達しなかった回答を集計している．この結果からは，女性のほうが混合型の割合が高いことが分かる．図 7.29，図 7.30 では，女性のほうが成績評価を重視する傾向が強くでているが，図 7.31 のグラフでは逆転している．男性は 1 つの項目だけを重視する傾向が強いが，女性は総合的に多くの基準を重要視していることが読み取れる．

第 **8** 章

表計算で学ぶ
AHP のしくみ

　本章では，AHP がどのようなしくみで計算されるのかを Excel を使って説明する．

8.1 固有値法の計算方法

本節では，どのような方法で重み，固有値を計算しているのかを表計算を通して学習する．第4章で説明した AHPCalc.xlsx の計算方法である．この方法は，表計算で多くのセルを使用するし，場合によっては計算式の指定が必要である．

スポーツクラブの選択を例に，Excel ファイル eigen.xlsx を使って説明する．なお，このファイルは，マクロを使っていない．

8.1.1 べき乗法

本書では，べき乗法という方法で計算をする．べき乗法は，図 8.1 のように，固有値法（2.3.3 項）のしくみで学習した，図 2.6（28 ページ）の計算を繰り返し行うことである．

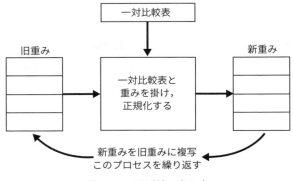

図 8.1　べき乗法の考え方

8.1 固有値法の計算方法

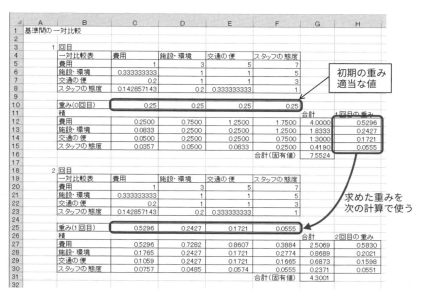

図 8.2 べき乗法のしくみ（シート「基準間」）

図 8.2 は，べき乗法での重みの計算方法をより具体的に示したものである．

(1) 仮の重みを決める．図 2.6 では基準の重みが分かっていたという前提で計算をしているが，ここでは未知の値である．そこで，適当な値（和が 1 になる非負の値）を初期の重みとする[†1]．ここでは，基準の数が 4 なので，1/4 = 0.25 とした（行 10 の重み）．

(2) 図 8.1 と同じように，一対比較表（行 5 〜 8）に，（仮の）重み（行 10）を掛け，行 12 〜 15 を得る．もし，正確な重みであれば，各値は，その行の基準の重みに近い値になるのだが，仮の重みであるため，大きく離れている．

(3) 各行（行 12 〜 15）の合計を求める（セル範囲 G12：G15）．次にその正規化した値（和が 1 になる値）を求めるため，その合計（セル G16）を求め，各合計をセル G16 で割り重みとする（セル範囲 H12：H15）．

[†1] 初期値としては，幾何平均値が優れてるといわれている．しかし，本書では，計算式の設定の容易さから，(1/ 項目数) を利用した．この初期値からでも，繰り返し 10 回程度で十分真の値に収束する．

第 8 章　表計算で学ぶ AHP のしくみ

(4)　(3) で求めた値を 2 回目の計算の仮の重みとする（セル範囲 C25：F25）．

(5)　元の一対比較表に，(4) の重みを掛けた表（セル範囲 C27：F30）を求め，(3) と同様に，合計，正規化する（セル範囲 H27：H30）．

(6)　(5) で求めた重み（セル範囲 H27：H30）は，固有値法で求めた重み（0.5803，0.2047，0.1582，0.0568）により近い値になっている．

(7)　(5) で求めた重みを，3 回目の計算で使う仮の重みにし，(5) の計算を行う．

(8)　この計算を何回か繰り返す．

このプロセスを 5 回繰り返し，その変化を表 8.1 にまとめた．固有値は，合計の合計（セル G16，G31，……）である．

表 8.1　重みと固有値の変化

	0 回目	1 回目	2 回目	3 回目	4 回目	5 回目
費用	0.2500	0.5296	0.5830	0.5816	0.5803	0.5803
施設・環境	0.2500	0.2427	0.2021	0.2038	0.2047	0.2047
交通の便	0.2500	0.1721	0.1598	0.1577	0.1581	0.1582
スタッフの態度	0.2500	0.0555	0.0551	0.0569	0.0569	0.0568
合計（固有値）		7.5524	4.3001	4.0820	4.1011	4.1069

8.1.2　実際の計算

図 8.3 は，スポーツクラブの例（AHPCalc_auto_Ex_SportClub.xlsx のシート「基準間」）での重み計算手順である．

(1)　重みの初期値を 1/ 項目数にする．

セル	計算式	複写先
M6	=1/$B$1	M7：M12

(2)　初期値の値と一対比較表の積和を求める．セル M16 は，初期値の重み（セル範囲 M6：M9）と一対比較表の 1 行目（セル範囲 C16：I16）の積和である．

138

セル	計算式	複写先
M16	=MMULT($C16：$I16,M$6：M$12)	M16：M22

MMULT は，2 つのセル範囲の 1 つめのセルは 1 つめのセルとの積，2 つめは 2 つめ同士の積を計算してその合計を求める Excel の関数である．セル M22 まで複写する．例えば，M19 は，$C19：$I19 と M$6：M$12 の積和になる．

(3) 各積和した値を和 1 になるように変換（正規化）する．そのため，合計を求める．

セル	計算式
M23	=SUM(M16：M22)

(4) 各積和した値を（3）の合計で割り，正規化する．

セル	計算式	複写先
N6	=M16/M$23	N7：N12

(5) この計算を繰り返して行う（30 回）．そこで，計算式を複写する．

複写元	複写先
M16：M23	N16：AQ23
N6：N12	O6：AQ12

(6) 30 回目の重みを対象の一対比較表の重みとする．また，30 回目の合計が固有値となる．

セル	計算式	複写先
J6	=AQ6	J7：J12
J13	=(AQ23-B1)/(B1-1)	

セル B1 は項目数である．セル J13 に C.I.（整合度）を計算する．整合度の計算式は，(固有値 − 項目数)/(項目数 − 1) である．

第 8 章 表計算で学ぶ AHP のしくみ

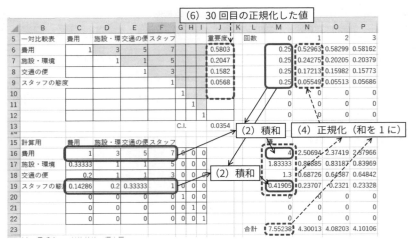

図 8.3 AHPCalc_auto_Ex_SportClub.xlsx のシート「基準間」での計算過程

8.2 欠損値がある場合（ハーカーの方法）

AHP では，一部の欠損値（一部の一対比較を拒否）に対しても，重みや評価値を計算できる．補完する方法はハーカーの方法と呼ばれている．

8.2.1 ハーカーの方法のしくみ

欠損値がある場合の代表的な計算方法であるハーカーの方法のしくみを述べる（図 8.4）．

(1) 欠損値を含んだ一対比較表
- 図 8.4 では，「費用」と「交通の便」間の一対比較値を欠損値とした（2 カ所）．
- 重みは，仮にハーカーの方法で求めた値を入れた．
- 固有値法と同様のやり方で，一対比較表と重みを掛けた表を作成する．
- 「費用」と「交通の便」間は，一対比較値が欠損値なので，完璧な一

8.2 欠損値がある場合(ハーカーの方法)

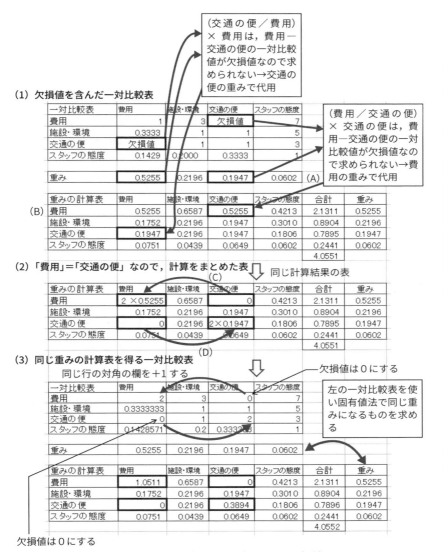

図 8.4 欠損値があるとき(ハーカーの方法)

第 8 章　表計算で学ぶ AHP のしくみ

対比較が行われたとして計算する.

(A) の部分は，(費用の重み / 交通の便の重み) ×交通の便の重みである．しかし，(費用の重み / 交通の便の重み) は欠損値であるので，費用の重みである 0.5255 とする.

(B)の部分は,(交通の便の重み / 費用の重み)×費用の重みであるが,(交通の便の重み / 費用の重み)は欠損値であるので,交通の便の重みを使う.

(2) 「費用」と「交通の便」の値が等しいので，対角の欄にまとめる.
- (1) の (B) の費用の行には，費用の重みである 0.5255 が 2 カ所ある.
- 2 カ所の費用の重みは，費用対費用の対角の欄にまとめ，2 × 0.5255 とする (C).
- 対角の欄にまとめても，行の合計は同じであるので，計算結果の重みは同じである.
- (1) の (B) の交通の便の行にも，交通の便の重み 0.1947 がある．同様に対角の欄にまとめる (D).

(3) 同じ重みの計算表を得る一対比較表
- 重みの計算表の費用の行の対角の欄は，2 ×費用の重みである．そこに対応する一対比較表の対角の欄を 2 にする.
- 重みの計算表の費用の行の交通の便の列の欄は 0 であるので，対応する一対比較表の欄も 0 にする.
- 同様に，交通の便の一対比較表も費用の列は 0, 交通の便の列は 2 とする.
- 一対比較表が求められたので，この (3) の一対比較表をもとに重みを求める．求めた重みが，図 8.4 の重みである.

ハーカーの方法をまとめると，次のようになる.

(a) 一対比較表の欠損値の欄は，0 とする.
(b) 一対比較表の対角の欄には，その行の欠損値の数 +1 とする．例えば，欠損値が 2 つあれば 3, なければ 1 とする.
(c) (a), (b) で求めた一対比較表から固有値法 (8.1 節) で，重み，固有値を求める.

8.2 欠損値がある場合（ハーカーの方法）

■ ハーカーの方法での整合度の注意

ハーカーの方法でも固有値が求まり，固有値から整合度を求めることができる．しかし，欠損値の一対比較値は，完璧な値で代用するため，整合度（C.I.）は，一対比較値を回答したときより小さくなる傾向がある．したがって，整合度を利用するときには注意しなければならない．

8.2.2 実際の計算（AHPCalc_Harker.xlsx での計算）

図 8.5 は，AHPCalc_Harker.xlsx のシート「pc_n_Harker」での計算の図解である．

(1) 左下の部分を含めて一対比較表を完成させる．欠損値は 0 とする．
(2) 欠損値の数をカウントする．

セル	計算式	複写先
J16	=COUNTIF(OFFSET($C16,0,0,1,$B$1),0)	J22 まで

OFFSET($C16,0,0,1,$B$1) は，C16 から右に $B$1（項目数）個のセル範囲を示しており，COUNTIF は，引数 2（0）の個数をカウントする関数である．

(3) 一対比較表の対角要素に，(2) で求めた欠損値を加える．

セル	計算式	複写先
C26	=C16+$J16	D27,E28,F29,…,I30

(4) セル範囲 C26：I32 の一対比較表を使って，8.1 節と同様の方法で，重要度を求める．ただし，一対比較表の位置は，8.1 節とは異なっている．

8

143

第 8 章 表計算で学ぶ AHP のしくみ

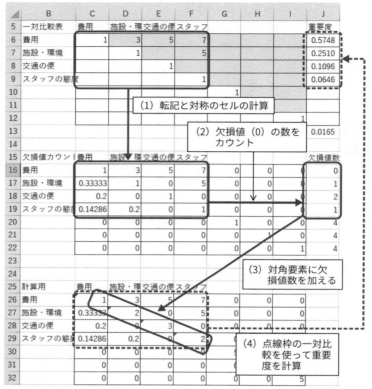

図 8.5 AHPCalc_Harker.xlsx のシート「pc_n_Harker」での計算過程

8.2.3 マクロによる計算

マクロで定義した関数 AHPtable と AHPline は，それぞれ，引数 2 の値を True にすることでハーカーの方法を計算できる．AHPcalc_macro.xlsm のシート「欠損値の確認」で確認できる．

8.2.4 欠損値があまりにも多いときは計算できない

欠損値があまりにも多い場合，一対比較表から重みを計算できない．例えば，表 8.2 左の場合，(A − B) と (C − D) の間でしか一対比較が行われていない．この場合，(A − C) (A − D) (B − C) (B − D) 間の一対比較は，直接的にも間接的にも行われていない．このような場合，重みや評価値は求めることはできない．

表 8.2 右の場合，ぎりぎり重みを求めることができる．(A − B) (A − C) (A − D) 間の一対比較が行われ，すべて A としか比較が行われていない．しかし，A を経由すれば，すべての組み合わせで間接的に一対比較が行われている．例えば，(B − D) 間は，(A − B) 間と (A − D) 間の 2 つの一対比較により間接的に一対比較が行われている．

表 8.2　重みが求められない場合（左）とぎりぎり求められる場合（右）

	A	B	C	D
A	1	2	0	0
B	1/2	1	0	0
C	0	0	1	3
D	0	0	1/3	1

	A	B	C	D
A	1	2	5	7
B	1/2	1	0	0
C	1/5	0	1	0
D	1/7	0	0	1

重みを求めるには，すべての項目間で一対比較が少なくても間接的に行われていなくてはならない．直接的，間接的にも一対比較が行われていなくても，ハーカーの方法で計算すると，重みの計算値は出力される．しかし，この値はまったく比較が行われていなく，計算上求められたもので，意味がない．

そこで，一対比較表から，計算可能であるかどうかをマクロで定義したAHP 用の関数でチェックする（AHPcalc_macro.xlsm のシート「欠損値の確認」を参照）．図 8.6 のように，一対比較表を作成し，関数 AHPReach とAHPReachLine でチェックすることができる．

関数名　　AHPReach

機能　　　欠損値を含む一対比較表から，重み，C.I. が計算可能かを判断する．計算可能かどうかの基準は，すべての項目が直接的もしくは間接的に一対比較が行われているかどうかである．

引数1	一対比較表の範囲（ただし，一対比較表の右上しか利用しない）0以下の値と空白は欠損値とする．
戻り値	True：計算可能，False：計算不可能．
関数名	AHPReachLine
機能	欠損値を含む一対比較表の右上の部分を1行にしたセル範囲から，重み，C.I. が計算可能かを判断する．計算可能かどうかの基準は，すべての項目が直接的もしくは間接的に一対比較が行われているかどうかである．0以下の値と空白は欠損値とする．
引数1	1行にしたセル範囲
戻り値	True：計算可能，False：計算不可能．

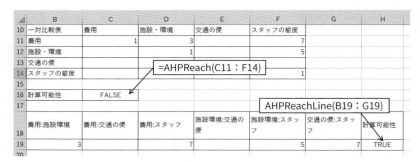

図 8.6　マクロによる欠損値の確認

8.3 矛盾する一対比較値の発見法

整合度（C.I.）が悪いとき，矛盾する一対比較値を指摘できると，やりなおしてみる一対比較の候補が分かる．矛盾する一対比較値を指摘する方法として，刀根の方法と中島の方法を紹介する．

それぞれ，同じ例を用いて説明する．例題はスポーツクラブの選択で，「費用」対「交通の便」は 5 であるが，それを 1/2 という回答にしたときの例で説明する．

8.3.1 刀根の方法

刀根の方法[†2]は，求めた重みから完璧な一対比較表を作成し，元の（回答した）一対比較表と比べる．もし，大きく異なるところ（2 倍以上の相違）があれば，そこが，矛盾する一対比較値であると指摘する．図 8.7 に，発見方法を示す．

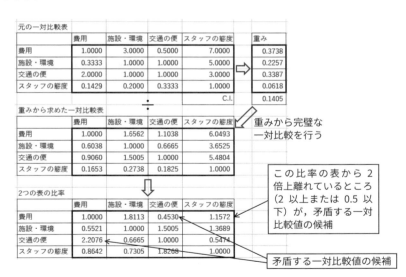

図 8.7 矛盾する一対比較値を探す（刀根の方法）

[†2] ここでは刀根の方法と呼んでいるが，AHP の創始者サーティまでさかのぼるのかもしれない．

第 8 章　表計算で学ぶ AHP のしくみ

(1) 元の一対比較表

一対比較表から重みを求める.

(2) 重みから求めた一対比較表

(1) で求めた重みから，完璧な一対比較が行われたとして，一対比較表を作成する.

例えば，「費用」対「施設・環境」の 1.6562 は，

$$\frac{費用の重み}{施設・環境の重み} = \frac{0.3738}{0.2257} = 1.6562$$

で計算する.

(3) 2 つの一対比較表の比率から矛盾する一対比較値を求める.

● 各一対比較値について，「比率＝元の一対比較表÷重みから求めた一対比較表」を計算する. 例えば，「費用」対「施設・環境」の 1.8113 は次式で求める.

$$\frac{元の一対比較表の費用対施設・環境}{重みから求めた一対比較表の費用対施設・環境} = \frac{3.0000}{1.6562}$$
$$= 1.8113$$

● 2 つの表の比率のうち，2 以上または，1/2 以下となる場所を探し，もしあればそこを矛盾する一対比較値とする.

以上より，比率が 0.4530 となった「費用」対「交通の便」の一対比較値 0.5 が矛盾する一対比較値の候補となる.

関数 AHPtable はこの方法により，15 行目以下で矛盾する一対比較値を求めている. Excel の条件付き書式の機能を使って 0.5 未満と 2 より大きい値のセルの背景をオレンジ色にしている.

148

8.3.2 中島の方法

　ハーカーの方法では，欠損値の場所は完璧な一対比較値で補われ，重みやC.I. が計算される．したがって，C.I. は改善される．そこで，すべての一対比較値を1つずつ欠損値にし，C.I. の改善具合を調べる．矛盾する一対比較値は，完璧な一対比較値とは大きく異なるので，矛盾する一対比較値を欠損値にすれば，C.I. の値は大きく改善されると考える．そこで，最も C.I. が改善された一対比較値を矛盾する一対比較値の候補として指摘する．

元の一対比較表

	費用	施設・環境	交通の便	スタッフの態度		重み
費用	1.0000	3.0000	0.5000	7.0000		0.3738
施設・環境	0.3333	1.0000	1.0000	5.0000		0.2257
交通の便	2.0000	1.0000	1.0000	3.0000		0.3387
スタッフの態度	0.1429	0.2000	0.3333	1.0000		0.0618
					C.I.	0.1405

重みから求めた一対比較表

	費用	施設・環境	交通の便	スタッフの態度		重み
費用	1.0000		0.5000	7.0000		0.2894
施設・環境		1.0000	1.0000	5.0000		0.3052
交通の便	2.0000	1.0000	1.0000	3.0000		0.3383
スタッフの態度	0.1429	0.2000	0.3333	1.0000		0.0671
					C.I.	0.0691

C.I. の改善の大きさ
0.1405－0.0691
＝0.0714
改善

費用対施設・環境を欠損値にしてみる

図 8.8　矛盾する一対比較値を探す（中島の方法）

　この方法は，1つずつ欠損値にしていくので，マクロなしだと膨大な計算量になるため，マクロで関数 CI_nakajima を用意した（ファイル AHPcalc_macro.xlsm のシート「中島の方法」を参照）．

関数名	CI_nakajima
機能	中島の方法により，C.I. が 0.02 より大きく改善した一対比較値を表示する．
引数1	一対比較表の範囲（ただし，一対比較表の右上しか利用しない）．
戻り値	3列で改善が大きい順に表示する．左から，行，列，改善値を示す．

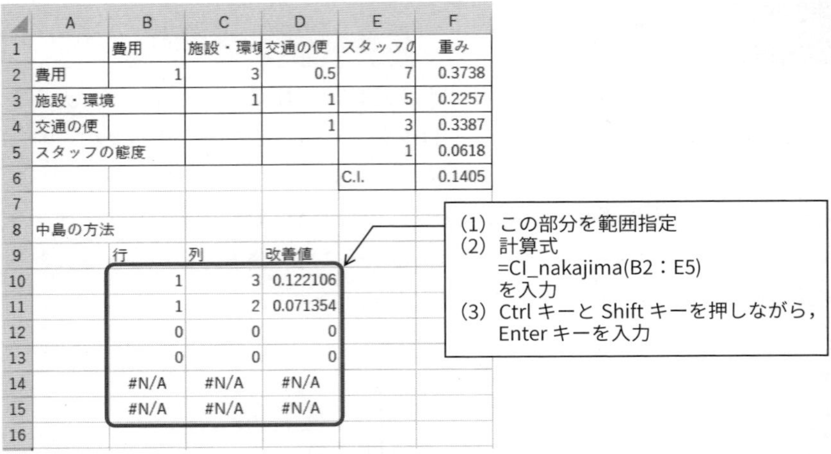

第 8 章　表計算で学ぶ AHP のしくみ

	A	B	C	D	E	F
1		費用	施設・環境	交通の便	スタッフの	重み
2	費用	1	3	0.5	7	0.3738
3	施設・環境		1	1	5	0.2257
4	交通の便			1	3	0.3387
5	スタッフの態度				1	0.0618
6					C.I.	0.1405
7						
8	中島の方法					
9		行	列	改善値		
10		1	3	0.122106		
11		1	2	0.071354		
12		0	0	0		
13		0	0	0		
14		#N/A	#N/A	#N/A		
15		#N/A	#N/A	#N/A		
16						

(1) この部分を範囲指定
(2) 計算式
　　=CI_nakajima(B2：E5)
　　を入力
(3) Ctrl キーと Shift キーを押しながら，Enter キーを入力

図 8.9　中島の方法の関数

　図 8.9 は，関数 CI_nakajima によるやりなおしの候補を示している．1 行目（費用）と 3 列目（交通の便）を欠損値にすると C.I. が 0.12 減少することを示しており，この一対比較を修正することを勧めている．やりなおしの候補は改善値が大きい順に表示するので，図 8.9 の（1）の範囲は 5，6 行程度でよい．

150

8.4 幾何平均法での整合度

幾何平均法の場合，固有値は求めないので，固有値を推定し，推定した固有値から整合度を求める．この整合度の計算手順は刀根[2] 22ページに示されたものである．Excel ファイルは geo_CI.xlsx である．

スポーツクラブの選択の基準の一対比較を例に，図 8.10 を用いて説明する．

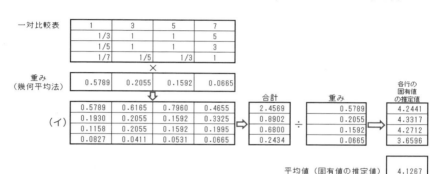

図 8.10　幾何平均法の場合の固有値の推定

(1) 固有値法での図（図 2.6, 28 ページ）に対応する図を作成する．図 8.10 の重みは，幾何平均法で求めたものである．
(2) 固有値法と同様に，一対比較表に重みを掛けた表を作成する（イ）．
(3) （イ）の各行の合計を計算する．
(4) この合計は，固有値法では固有値と各重みの積であったが，幾何平均法ではそれが成り立たない．そこで，各行について，その固有値にあたる値を合計／重みで推定する．
(5) 各行の固有値の推定値は，近い値だが異なる．そこで，各行の固有値の推定値の平均値をこの一対比較の固有値の推定値（4.1267）とする．
この固有値の推定値を用いて，幾何平均法の整合度を計算する．

$$\text{C.I.} = \frac{\text{推定した固有値} - \text{項目数}}{\text{項目数} - 1}$$

第8章　表計算で学ぶ AHP のしくみ

スポーツクラブの選択の基準の一対比較の場合,

$$\text{C.I.} = \frac{4.1267 - 4}{4 - 1} = 0.0422$$

となり, 整合的になる.

第9章

表計算で学ぶ階層化ファジィ積分（HFI）──基準間の相互作用を考慮したモデル

　本章では，AHP モデルを拡張した階層化ファジィ積分（HFI）モデルを説明する．HFI を利用することにより，個性的な（すばらしい点はあるが，残りの点は芳しくない）代替案を選択するモデルや，逆に無難な（特に悪い点がない）代替案を選択するモデルを作成できる．AHP と同様に表の形で表現できるので，Excel などの表計算ソフトウェアと相性がよく，本章では表の形で理解していく．

第 9 章　表計算で学ぶ階層化ファジィ積分（HFI）──基準間の相互作用を考慮したモデル

9.1　よい点が中心の（代替的）総合評価 VS 悪い点が中心の（補完的）総合評価

　表 9.1 は，3 基準（X，Y，Z）と 3 代替案（A，B，C）の評価値である．例えば，X，Y，Z がそれぞれ英語，数学，国語の点数で，A，B，C は生徒で，この 3 人の総合評価を考える．

　AHP では，総合評価値の計算で，基準に重みをおくことができた．表 9.1 の単純平均値（全基準等重み 1/3 での平均値）は全員 60 点で同じである．基準 Y の重みを 0.5 に，他を 0.25 のように，基準 Y の重みを高くすれば代替案 C が 1 位になる．基準 Z の重みを高くすれば，代替案 A が 1 位になる．

　基準間の得点の差異に注目した総合評価も考えられる．代替案 C は科目間のバラツキが大きく，最大値での総合評価では 100 と 1 位になる．逆に代替案 B は，バラツキが小さく（なく），最小値での総合評価では 60 と 1 位になる．

表 9.1　例題：代替案 A，B，C の評価基準 X，Y，Z の評価値

	基準 X	基準 Y	基準 Z	平均	最大値	最小値
代替案 A	40	60	80	60	80	40
代替案 B	60	60	60	60	60	60
代替案 C	60	100	20	60	100	20

　成績評価の場合，1 科目でよいのでよい成績の学生を高く評価したい場合，最大値での総合評価となる．これは，個性重視の総合評価になる．逆に，悪い点がないこと，苦手科目がないことを高く総合評価したいとき，最小値での総合評価となる．これは，科目間の得点バランスを重視した総合評価になる．

　他の例として，表 9.1 を骨董品 A，B，C を 3 人の鑑定人（X，Y，Z）が評価した金額として考える．単純平均で 3 つの骨董品とも同じ評価額であるが，オークションに出そうと考えたとき，骨董品 C は，鑑定人 Y のような評価をする人がいて，100 で売却できるのではないかという楽観的な見込みをたてることもある．逆に，近所の骨董品店に持ち込む場合，慎重な評価をされ，20 でしか売却できないという消極的な見込みをたてることもある．

154

9.1 よい点が中心の（代替的）総合評価 VS 悪い点が中心の（補完的）総合評価

　個性重視や楽観的な総合評価は，どれか1科目でもよい点数があればよいので，「代替的な」総合評価法と呼ぶ．これは，各科目の得点は，相互に他の科目の代わりをするもので，例えば，英語の得点がよければ，数学や国語の得点が低くても，英語の得点で代替して高い総合評価値を与える（他の科目の組み合わせも同じ）ので代替的と呼ばれる．

　逆に，悪い点数がないことを評価する場合や消極的な総合評価は，「補完的な」総合評価法と呼ばれる．これは，最低点までの部分は3科目ともあるので，最低点までの3科目の得点が相互に補完して高い評価値を与えるので補完的と呼ばれる．経済学でいう代替財と補完財に対応した表現である．

　成績の総合評価にしろ，骨董品の総合評価にしろ，最大値または最小値の総合評価を行うと，最大値の点数または最小値の点数のみしか総合評価に反映されない．多少，最大値，最小値以外の点数も勘案して総合評価を行いたいことがある．例えば，個性重視の成績の総合評価であっても，代替案Cの総合評価値は最高点の100点だけでなく，他の20点や60点も勘案する総合評価を行いたい．

　9.2節で紹介するOWAオペレータは，基準ではなく順位に対して重みを与える．例えば，1位の科目に60％の重み，2位の科目の得点に30％の重み，3位の科目に10％の重みで計算すれば，個性を重視した総合評価になる．

　9.3節以降で紹介する階層化ファジィ積分（HFI）では，基準に対する重みと，代替的な総合評価をするのか補完的な総合評価をするのかの指標 ξ（グザイ）を与えて総合評価を行う．

　ξ は，1に近づけると代替的な総合評価になり，0に近づけると補完的な総合評価になり，0.5でAHPと同じ重みづき平均になる．

第 9 章　表計算で学ぶ階層化ファジィ積分（HFI）——基準間の相互作用を考慮したモデル

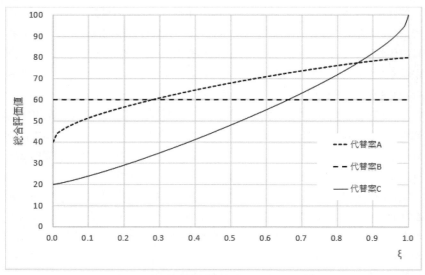

図 9.1　HFI による総合評価の例（感度分析）

　図 9.1 は，表 9.1 のデータで，基準 X と Y の重みを 0.2，基準 Z の重みを 0.6 にして，ξ を 0 から 1 まで変化させてどのように代替案の総合評価値が変化するのかをグラフ化したものである（感度分析）．

　$\xi=1.0$ では最大値による総合評価になり，代替案 C が 1 位になる．ξ を 0.5 に近づけるにつれ，重みづき平均に近づいていく．この場合，0.6 という高い重要度をおいた基準 Z の評価値が高い代替案 A の総合評価値が 1 位になる．$\xi=0$ に近づけると，最小値による総合評価に近づき最小値が最も高い代替案 B が 1 位となる．

　指標 ξ の意味を表 9.2 にまとめた[8]．$\xi=0.5$ 付近で，AHP（重みづき平均）に近い総合評価法になる．

表 9.2　ξ の意味（感性語）

評価方法	補完的	代替的
ξ	$0 < \xi < 0.5$	$0.5 < \xi < 1$
ファジィ測度 （9.3 節で説明）	優加法的	劣加法的
	相乗効果	相殺効果
感性語	バランス重視	個性重視
	消極的な	積極的な
	慎重な	大胆な
	悲観的な	楽観的な
	保守的な	冒険的な
	悪い点がないことを評価	よい点があることを評価
	確実性重視	可能性重視
極端な場合	$\xi = 0$ 付近	$\xi = 1$ 付近
	最小値に近い評価	最大値に近い評価

9.2 順位に重みを与えるモデル——OWA オペレータ

9.2.1 OWA オペレータの計算

AHP は，基準に対して重みを与えるモデルであった．R.R.Yager によって提案された OWA オペレータ（Ordered Weighted Averaging Operator）は順位に対して重みを与えるモデルである．OWA オペレータでは順位に対する重みのみ与え，基準に対しては重みを与えず，すべての基準で等重みである．

3 入力の OWA オペレータの出力値は，次式で計算される．

（1 位の重み）×（1 位の評価値）+（2 位の重み）×（2 位の評価値）+
（3 位の重み）×（3 位の評価値）

となる．ただし，重みの合計は 1 とする．例えば，1 位の入力値への重みが 0.2，2 位の評価値への重みが 0.3，3 位の評価値への重みが 0.5 と低い評価値を重視する場合（補完的な総合評価）の評価値が 50，30，70 の場合，

$$0.2 \times 70 + 0.3 \times 50 + 0.5 \times 30 = 44$$

第9章　表計算で学ぶ階層化ファジィ積分（HFI）――基準間の相互作用を考慮したモデル

となる.

このことを数式を使って表現すると, n を入力値の数, $x_{\sigma(i)}$ を i 番目に大きな評価値とし, i 番目の順位への重みを r_i とする. OWA オペレータの出力値は, 次式となる.

$$\sum_{i=1}^{n}\left(r_i x_{\sigma(i)}\right)$$

$\sigma(i)$ は i 番目に大きな評価値の番号を表し, $x_1 = 50$, $x_2 = 30$, $x_3 = 70$ の場合, $\sigma(1) = 3$, $\sigma(2) = 1$, $\sigma(3) = 2$ となる.

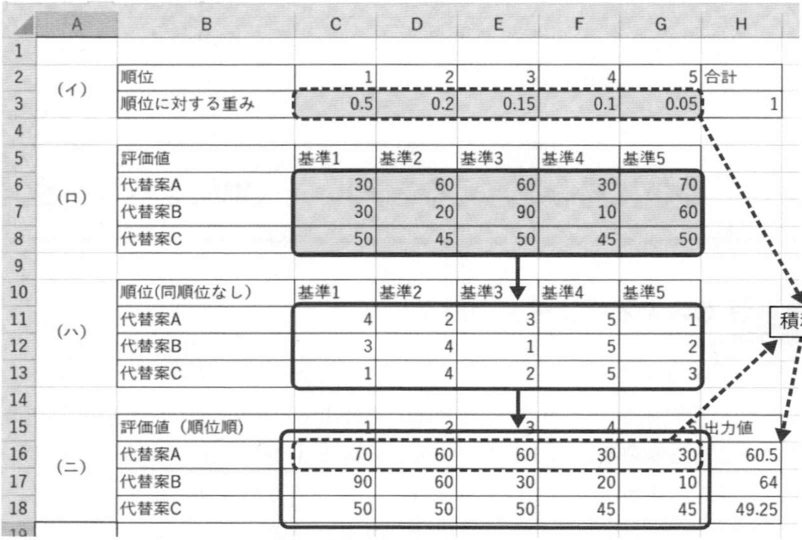

図 9.2　Excel での OWA オペレータの計算

図 9.2 は 3 入力 3 代替案の場合で, 表計算を使った OWA オペレータの計算法である（Excel ファイル OWAoperator.xlsx のシート「n=5」）.

（イ）の部分に順位への重みを入力し,（ロ）の部分に各基準の評価値を入力する.

（ハ）の部分は, 各代替案について, それぞれの基準の評価値の順位を計算している. ただし, 同点の場合は, 左側のセルが高順位（小さな数）になるよ

158

9.2 順位に重みを与えるモデル——OWA オペレータ

うに設定している.

（ニ）の列 C から列 G までは，それぞれの順位（（ハ）の表）からその順位の評価値を（ロ）の表から取り出している．例えば，代替案 A の1位の評価値（セル C16）は，（ハ）の表から代替案 A の1位は基準5であるので，（ロ）の表の代替案 A の基準5の値70が表示される.

最後に（ニ）の各代替案の大きい順の評価値の範囲と（イ）表の順位に対する重みの範囲の積和（1番目同士の積 +2番目同士の積 +……）を求めて，OWA オペレータの出力値とする.

9.2.2 OWA オペレータの表計算での計算方法（マクロなし）

（ハ）の部分の計算式は次のようになる.

セル	計算式	複写元	複写先
C11	=RANK(C6,$C6：$G6,0)	C11	C12：C13

これは，順位を求める関数 RANK を使っている.

セル	計算式	複写元	複写先
D11	=RANK(D6,$C6：$G6,0)+COUNTIF($C6：C6,D6)	D11	D11：G13

Excel の関数 RANK は，同点がある場合，すべて同じ順位を出力する．以下の計算では同順位を認めない前提にしているので，右側のセルの順位を下げている．関数 COUNTIF を使って，自分の評価値（セル D6）に等しい値のセルの個数をセル $C6 からセル D6 のひとつ左手前のセル C6 まで数えている.

（ニ）の部分は，

セル	計算式	複写元	複写先
C16	=INDEX($C6：$G6,0,MATCH(C$15,$C11：$G11,0))	C16	C16：G18

となる．セル C16 は1位（セル C$15）であるので，関数 MATCH を使って，1位は何番目の入力値であるかを調べている．その何番目かの数値を使い関数 INDEX で，セル範囲 $C6：$G6 から値を取り出している.

159

第 9 章　表計算で学ぶ階層化ファジィ積分（HFI）——基準間の相互作用を考慮したモデル

　計算式が複雑になったので，基準 10 個，代替案 10 個まで対応したシート「汎用」を用意した．水色のセルを変更することにより計算できる．

9.2.3　OWA オペレータの表計算での計算方法（マクロによる方法）

　簡単に計算するために，マクロで計算する関数を用意した．HFIcalc_macro.xlsm のシート「OWA オペレータ」に利用例がある．

関数名	OWAoperator
機能	OWA オペレータにより，出力値を計算する．
引数 1	順位に対する重み（セル範囲）．
引数 2	入力値（セル範囲）．
	※引数 1 と引数 2 のセル範囲のセル個数は一致しなくてはならない．
戻り値	OWA オペレータの出力値

	A	B	C	D	E	F	G	H
1								
2		順位	1	2	3	4	5	合計
3		順位に対する重み	0.5	0.2	0.15	0.1	0.05	1
4								
5		評価値	基準1	基準2	基準3	基準4	基準5	出力値
6		代替案A	30	60	60	30	70	60.5
7		代替案B	30	20	90	10	60	64
8		代替案C	50	45	50	45	50	49.25
9								

図 9.3　関数（マクロ）を使った OWA オペレータの計算

セル	計算式	複写元	複写先
H6	=OWAoperator(C$3：G$3,C6：G6)	H6	H7：H8

160

9.2 順位に重みを与えるモデル——OWA オペレータ

9.2.4 順位への重みと出力値の関係

順位への重みを変更した場合，OWA オペレータの出力値がどのように変化するのか，図 9.2 や図 9.3 の評価値を使って計算する．利用するパターンは，表 9.3 の 5 つのパターンである．

表 9.3　OWA オペレータの順位に対する重みのパターン

順位に対する重み	1位	2位	3位	4位	5位	合計
パターン 1	1	0	0	0	0	1
パターン 2	0.5	0.2	0.15	0.1	0.05	1
パターン 3	0.2	0.2	0.2	0.2	0.2	1
パターン 4	0.05	0.1	0.15	0.2	0.5	1
パターン 5	0	0	0	0	1	1

それぞれのパターンについて，代替案 A，B，C の評価値を使って OWA オペレータの出力値を計算すると，表 9.4 になる．

表 9.4　表 9.3 のパターンでの OWA オペレータの出力値

	パターン 1		パターン 2		パターン 3		パターン 4		パターン 5	
	出力値	順位	出力値	順位	出力値	順位	出力値	順位	出力値	順位
代替案 A	70.0	2	60.5	2	50.0	1	39.5	2	30.0	2
代替案 B	90.0	1	64.0	1	42.0	3	24.0	3	10.0	3
代替案 C	50.0	3	49.3	3	48.0	2	46.5	1	45.0	1

パターン 1 は，1 位に重み 1 を与え，他の順位への重みは 0 であるので，最大値での評価である．代替案 B は，90 が評価され 1 位である．パターン 2 は，高順位の重みが大きく，したがって，パターン 1 と同様，代替案 B が 1 位になった．これは，よい点があることを評価する代替的な総合評価法になる．

パターン 3 は，すべての順位の重みが等しい．したがって，単純平均になる．この場合代替案 A が 1 位となった．

パターン 4 は，低順位への重みが大きく，したがって，最低点が大きい代替案 C が 1 位になった．これは，悪い点がないことを評価する補完的な総合評価法になる．また，パターン 5 は，最下位の重みのみが 1 で他は 0 であるので，最小値での総合評価法になる．

OWA オペレータの場合，ある基準の評価値にかかる重みは，その評価値が何位になるのかによって決まる．これは他の基準の評価値の値により決まることを意味する．この意味で，OWA オペレータは評価基準間の相互作用を考えたモデルといわれている．

9.2.5　OWA オペレータの順位への重みの決め方

OWA オペレータの順位への重みをどう決めるのかが問題になる．ひとつの決め方として，図 9.4 のような一対比較を行い，その重みを順位への重みとする方法がある．

	左の項目が圧倒的に重要	（中間）	左の項目がうんと重要	（中間）	左の項目がかなり重要	（中間）	左の項目が少し重要	（中間）	左右同じくらい重要	（中間）	右の項目が少し重要	（中間）	右の項目がかなり重要	（中間）	右の項目がうんと重要	（中間）	右の項目が圧倒的に重要	
	9	8	7	6	5	4	3	2	1	1/2	1/3	1/4	1/5	1/6	1/7	1/8	1/9	
1位																		2位
1位																		3位
1位																		4位
2位																		3位
2位																		4位
3位																		4位

図 9.4　OWA オペレータの順位への重みの一対比較（4 項目の場合）

9.3 基準への重みと順位への重みの両方を考えたモデル（ショケ積分）

AHP の重みづき平均は基準への重みでの総合評価法，OWA オペレータは順位への重みでの総合評価法であった．両方の重みを取り入れるのが，ファジィ測度ショケ積分モデルである．「測度」や「積分」と聞くと難しく感じるかもしれないが，AHP や OWA オペレータと同様に積和計算で計算でき，表計算の計算式で表現できる．

9.3.1 ファジィ測度ショケ積分モデル

例題として，英語の点数 x_e と数学の点数 x_m の総合評価を考える．この総合評価では，数学の重みを高くし，相互作用はやや補完的（悪い点がないことを重視）とする．

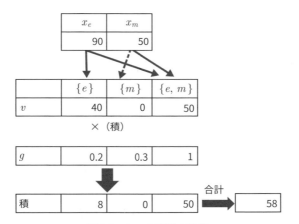

図 9.5 ショケ積分の計算

ファジィ測度ショケ積分モデルでは，単独と合併した部分に分けて考える（図9.5）．集合を使って表し，英語単独の部分 $\{e\}$，数学単独の部分 $\{m\}$，英語と数学の効果を合併した部分 $\{e, m\}$ の3つで表す．何もない部分の空集合（$\{\ \}$ または ϕ）も定義上存在する．

第9章　表計算で学ぶ階層化ファジィ積分（HFI）──基準間の相互作用を考慮したモデル

　それぞれの単独，合併した部分にどれくらい効果があるのかを g という関数で表す（専門用語では集合関数という）．例えば，英語単独の効果 $g(\{e\}) = 0.2$，数学単独の効果 $g(\{m\}) = 0.3$，英語と数学の合併した効果 $g(\{e, m\}) = 1$ とする．この効果を表す g をファジィ測度と呼ぶ．ただし，全体の効果は $g(\{e, m\}) = 1$ のように 1 に固定する．これは，重みづき平均の重みの和を 1 にすることに対応する．また，何もない部分の効果は 0，$g(\{\}) = 0$ とする．

　このようにファジィ測度では，単独の効果と合併した効果すべてに値を与える．ファジィ測度は，重みづき平均の重みや OWA オペレータの順位への重みに相当する．

　効果と同様に，評価値（得点）も単独の評価値，合併した評価値に分けて求める（v）．図9.5 は，英語が 90 点，数学が 50 点の場合の計算例である．英語が数学に比べて 40（$= x_e - x_m$）点高いので，英語の単独の評価値（$v(\{e\})$）を 40 とする．数学の 50 点と英語の残りの 50（$= 90 - 40$）は，英語・数学の得点がともに存在するので，英語と数学の合併した部分（$\{e, m\}$）の評価値（$v(\{e, m\})$）を 50 とする．数学単独の評価値は，数学の得点が英語の得点より低いので，0（$v(\{m\}) = 0$）とする．

　これは，英語の得点 $x_e = 90$ と数学の得点 $x_m = 50$ を，

$$x_e = v(\{e\}) + v(\{e, m\})$$
$$x_m = v(\{m\}) + v(\{e, m\})$$

となるように単独の評価値 $v(\{e\})$, $v(\{m\})$ と合併した部分の評価値 $v(\{e, m\})$ に分けて表現している．ただし，単独の評価値が負にならない範囲で，$v(\{e, m\})$ をできるだけ大きくなるようにしている．ショケ積分は，合併できる部分はできるだけ合併した評価値にする計算方法である．

　それぞれの単独の効果，合併した効果（$\{e\}$, $\{m\}$, $\{e, m\}$）の評価値（得点）（v）と効果を表すファジィ測度（g）の積を求め，その合計（積和）をショケ積分の出力値とする．この関係を式で表現すると次のようになる．

$$\text{ショケ積分の出力値} = g(\{m\})v(\{m\}) + g(\{e\}v\{e\}) + g(\{m, e\})v(\{m, e\})$$
$$= 0.3 \times 0 + 0.2 \times 40 + 1 \times 50 = 58$$

164

9.3.2 優加法性，劣加法性，加法性とショケ積分の出力値

単独の効果の和（$g(\{e\}) + g(\{m\})$）と合併した効果（$g(\{e, m\})$）の大小関係で，ファジィ測度ショケ積分モデルの性質が異なってくる．次の3つのパターンがある．

加法的 $\quad g(\{e\}) + g(\{m\}) = g(\{e, m\})$
優加法的 $\quad g(\{e\}) + g(\{m\}) < g(\{e, m\})$
劣加法的 $\quad g(\{e\}) + g(\{m\}) > g(\{e, m\})$

図 9.5 の場合，$g(\{e\}) + g(\{m\}) = 0.2 + 0.3 = 0.5$，$g(\{e, m\}) = 1.0$ であるので優加法的である．

評価値	e	m
代替案A	20	80
代替案B	60	40

入力値 v	{e}	{m}	{e,m}
代替案A	0	60	20
代替案B	20	0	40

g	{e}	{m}	{e,m}
加法的	0.4	0.6	1

積和	{e}	{m}	{e,m}	積和	正規化
代替案A	0	36	20	56	0.5385
代替案B	8	0	40	48	0.4615
			合計	104	1

g	{e}	{m}	{e,m}
優加法的	0.2	0.3	1

積和	{e}	{m}	{e,m}	積和	正規化
代替案A	0	18	20	38	0.4634
代替案B	4	0	40	44	0.5366
			合計	82	1

g	{e}	{m}	{e,m}
劣加法的	0.6	0.9	1

積和	{e}	{m}	{e,m}	積和	正規化
代替案A	0	54	20	74	0.5873
代替案B	12	0	40	52	0.4127
			合計	126	1

図 9.6　同じ入力値で加法的，優加法的，劣加法的の場合の比較

図 9.6 は，同じ入力値で，加法的，優加法的，劣加法的なファジィ測度を与えたとき，総合評価値がどのように変化するのか比較したものである（このファイルは Choquet_ex2.xlsx であり，水色のセルを変化させて試すことができる）．

図 9.6 左は，加法的な場合である．$g(\{e\}) + g(\{m\}) = g(\{e, m\})$ である．これは，重みづき平均 $0.4x_e + 0.6x_m$ に一致する．

図 9.6 右上は，優加法的な g を使った計算である．$g(\{e\}) + g(\{m\}) < g(\{e, m\})$ で，$g(\{e, m\})$ は 1 に固定されているので，$g(\{e\})$ と $g(\{m\})$ は劣加法的

第9章　表計算で学ぶ階層化ファジィ積分（HFI）——基準間の相互作用を考慮したモデル

や加法的な場合に比べて相対的に小さな値になる．$g(\{e\})$ と $g(\{m\})$ は，x_e と x_m の得点差と掛け算をする．$x_e > x_m$ の場合，$g(\{e\})(x_e - x_m)$ である（逆の場合も同様）．$g(\{e\})$ と $g(\{m\})$ が相対的に小さな値なので，得点差が小さいほうが，積和した値（ショケ積分の出力値）が大きくなる．実際，得点差の小さい代替案 B の出力値が大きくなっている．したがって，得点差が小さい，低い評価値がない代替案が有利になり，補完的な総合評価法となる．

図 9.6 右下は劣加法的な g を使った計算である．$g(\{e\}) + g(\{m\}) > g(\{e, m\})$ で，$g(\{e\})$ と $g(\{m\})$ は他の場合に比べて相対的に大きな値になり，得点差が大きいほうが，積和した値（ショケ積分の出力値）が大きくなる．実際，得点差の大きい代替案 A の出力値が大きくなっている．したがって，得点差が大きい，高い評価値がある代替案が有利になり，代替的な総合評価法となる．

総合評価値の比較をするとき，図 9.6 のように劣加法的な場合は比較的大きな値になり，優加法的な場合は小さな値になり，単純な比較はできない．そこで AHP と同様に，合計が 1 になるような変換（正規化）をする．正規化とは各代替案の総合評価値の合計を 1 にするもので，ある代替案の総合評価値は，各代替案の総合評価値の合計値で割った値である．例えば，劣加法的な場合での代替案 A の正規化した総合評価値は $74/(74 + 52) = 0.5873$ となる．

9.3.3　ショケ積分モデルの表による計算方法

9.3.2 項では，2 基準の場合を取り扱った．3 基準，英語（e）と数学（m）と国語（k）の場合，単独の部分 $\{e\}$, $\{m\}$, $\{k\}$，2 基準が合併した部分 $\{e, m\}$, $\{e, k\}$, $\{m, k\}$，および 3 基準が合併した部分 $\{e, m, k\}$ の 7 つに分けて，それぞれ，ファジィ測度（g）と入力値から単独の評価値，合併した評価値を求め，積和で計算する．n 個の基準の場合，それらの個数は，空集合を除いて，$2^n - 1$ 個になり，$n = 8$ のとき 255 個になる．すべての値を定めるのはたいへんなので，ファジィ測度の割り当ては，9.4 節の HFI では，重みと相互作用の指標 ξ から計算で求める方法を示す．

単独の部分の評価値は，（最大値の評価値 − 2 位の評価値）であるので，最大の評価値の v だけが値を割り振られ他は 0 である．$x_k > x_m > x_e$ の場合，$v(\{k\}) = x_k - x_m$ で，$v(\{e\}) = v(\{m\}) = 0$ である．同様に，2 基準が合併した

166

9.3　基準への重みと順位への重みの両方を考えたモデル（ショケ積分）

部分は，（2位の評価値 − 3位の評価値）だけであるので，$x_k > x_m > x_e$ の場合，$v(\{k, m\}) = x_m - x_e$ で他は 0 である．

この性質を使って表の形で計算すると理解しやすい．ファジィ測度 g（効果）を，

集合 A	{1}	{2}	{3}	{1,2}	{1,3}	{2,3}	{1,2,3}
$g(A)$	0.1	0.2	0.4	0.4	0.6	0.7	1.0

となるファジィ測度（補完的）で説明する．また，各評価値は，

	x_1（英語）	x_2（数学）	x_3（国語）
得点	50	60	80

となる場合の計算表を示す．

順位	基準	評価値	集合（累積）A	評価値差 $v(A)$	効果 $g(A)$	積 $v(A)g(A)$
1	3	80	{3}	20	0.4	8
2	2	60	{2,3}	10	0.7	7
3	1	50	{1,2,3}	50	1.0	50
		0			合計	65

(1) 評価値を大きい順に並べ替える（例では，国語，数学，英語の順なので，基準 3, 2, 1 の順）．集合（累積）の列には，基準の番号を累積していく．

(2) 評価値差の列には，1つ下の行との差を記入していく．順位1の $v(\{3\}) = 20$ は国語単独の評価値を表し，順位2の $v(\{2, 3\}) = 10$ は数学と国語が合併した評価値を表す．

(3) 評価値差に対応した効果（ファジィ測度の値）を $g(A)$ の列に記入していく．

(4) 各 $v(A)$ と $g(A)$ の積を計算しその合計を求め（積和），それがショケ積分の出力値となる（65）．

計算式でショケ積分の出力値を求めると次のようになる．

第 9 章 表計算で学ぶ階層化ファジィ積分（HFI）——基準間の相互作用を考慮したモデル

ショケ積分の出力値

$= g(\{1\})v(\{1\}) + g(\{2\})v(\{2\}) + g(\{3\})v(\{3\}) + g(\{1,2\})v(\{1,2\})$
$+ g(\{1,3\})v(\{1,3\}) + g(\{2,3\})v(\{2,3\}) + g(\{1,2,3\})v(\{1,2,3\})$

$(x_3 > x_2 > x_1$ より，$v(\{1\}) = v(\{2\}) = 0, v(\{1,2\}) = v(\{1,3\}) = 0$ となるので）

$= g(\{3\})v(\{3\}) + g(\{2,3\})v(\{2,3\}) + g(\{1,2,3\})v(\{1,2,3\})$
$= g(\{3\})(x_3 - x_2) + g(\{2,3\})(x_2 - x_1) + g(\{1,2,3\})(x_1 - 0)$
$= 0.4\,(80 - 60) + 0.7(60 - 50) + 1(50 - 0)$
$= 65$

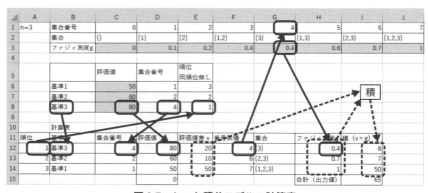

図 9.7　ショケ積分モデルの計算表

　図 9.7 の表は，ChoquetCalc.xlsx にあり，評価基準数によって異なるシートを選択する．水色の部分を指定すれば自動計算するようになっている．以下にこの計算表のしくみを説明する．

　図 9.7 の 1～3 行目に，単独の部分，合併した部分を表す集合とその効果ファジィ測度の値を入力しておく．集合番号は，単独の部分には，基準 1 単独に 1，基準 2 単独に 2，基準 3 単独に 4，基準 4 単独に 8，……というように，2 倍していくようにつけていく．このようにつけることにより，{1, 3} を（基準 1 単独の 1）+（基準 3 単独の 4）= 5 というように計算できる．

　5～8 行目は，評価値の欄である．列 C に評価値を入力しておく．集合番号も 1，2，4，……とする．順位は，同順位がないように関数 COUNTIF も使っている（9.2 節参照）．

9.3 基準への重みと順位への重みの両方を考えたモデル（ショケ積分）

10 ～ 15 行目が，ショッケ積分を計算する表である．

(1)「順位」の列（列 A）は，1，2，3，……と記述してある．

(2)「基準」の列には，対応する順位の行を「評価値」の欄（5 ～ 8 行目）の順位（同順位なし）の列で探し，その行の基準名を記述している．

(3)「集合番号」の列と「評価値」の列の値は，(2) の行の集合番号と評価値を記述している．

(4)「評価値差 v」の列は，その行と 1 つ下の行の「評価値」の差を記述している．これが v の値になる．

(5)「番号累積」の列は，「集合番号」の累積値である．これにより，対応する基準の集合番号を 1 個ずつ増やしている．

(6)「集合」の列にその集合を記述している．基準を累積していった集合になっている．

(7)「番号累積」（集合）で，1 ～ 3 行目の「ファジィ測度 g」の値を表引きして表示している．

(8)「積（v × g）」は，「評価値差 v」と「ファジィ測度 g」の列の積を計算したものである．

(9)「積（v × g）」の列の合計がショケ積分の出力値になる．

これは $x_3 > x_2 > x_1$ なので，「評価値差 v」の行に $v(\{3\})$，$v(\{2, 3\})$，$v(\{1, 2, 3\})$ の値を計算し，「ファジィ測度 g」の列に $g(\{3\})$，$g(\{2, 3\})$，$g(\{1, 2, 3\})$ の値を表引きして，各集合の値の積和を計算したものである．

以上の計算方法を数式で表現すると次のようになる．

$$\sum_{i=1}^{n}[g(\{\sigma(1),...,\sigma(i)\})(x_{\sigma(i)} - x_{\sigma(i+1)})]$$

となる．ただし，$x_{\sigma(n+1)} = 0$ とする．

9.3.4 マクロによるショケ積分の計算

簡単に計算するために，マクロで計算する関数を用意した．HFIcalc_macro. xlsm のシート「ショケ積分」に利用例がある．

169

第9章 表計算で学ぶ階層化ファジィ積分（HFI）——基準間の相互作用を考慮したモデル

関数名	ChoquetInt
機能	ショケ積分により，出力値を計算する．
引数1	ファジィ測度（セル範囲）（空集合と全体集合の値も含める）．
引数2	入力値（セル範囲）．

※「引数2のセル個数 ＝ 引数1のセル個数」になるようにする．

戻り値	ショケ積分の出力値．

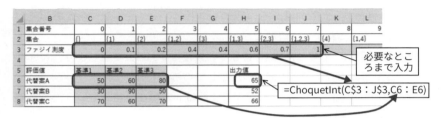

図 9.8　関数（マクロ）を使ったショケ積分の計算

セル	計算式	複写元	複写先
H6	=ChoquetInt(C$3：J$3,C6：E6)	H6	H7：H8

また，集合番号から集合を表示する関数も用意してある．

関数名	sntoset
機能	集合番号から集合を表示．
引数1	集合番号．
戻り値	集合．

セル	計算式	複写元	複写先
C2	=sntoset(C1)	C2	D2：AH2

9.4 階層化ファジィ積分法（HFI）の考え方

階層化ファジィ積分法（Hierarchical Fuzzy Integrals, HFI）は，AHP の重みづき平均の部分をファジィ積分（ショケ積分）にしたものである．9.3 節で説明したように，基準の数が多くなると与えなくてはならないファジィ測度の集合の数は膨大になる．そこで，HFI では，1 つの相互作用の指標（ξ）と AHP と同様に各基準の重みによって各集合のファジィ測度の値を計算で求める．最初に提案された HFI [7] では，ξ ではなく，λ-ファジィ測度を用いているが，扱いやすさや計算の容易性から本書では ξ を利用する ϕ_s 変換を使う．

9.4.1 ファジィ測度の決め方（ϕ_s 変換）

ϕ_s 変換は，各基準の重要度と相互作用の指標 ξ から各集合のファジィ測度の値を求めるものである．各基準の重要度は，AHP と同様に基準間の一対比較で求めることができる．相互作用 ξ には表 9.2（157 ページ）の意味があり，その意味から主観的に決めることできるが，9.4.3 項で一対比較を用いて求める方法を示す．

例題として，3 基準（1, 2, 3）とし，各基準の重要度を $w_1 = 0.1$, $w_2 = 0.3$, $w_3 = 0.6$ とする．

ϕ_s 変換は，$\phi_s(\xi,\ u)$ と記述し，u は，集合に含まれる各要素の重要度の合計とする．ξ を仮に 0.2 とした場合，集合 $\{1, 3\}$ は，基準 1 と基準 3 を含むので，$u = w_1 + w_3 = 0.7$ となり，

$$g(\{1,3\}) = \phi_s(\xi, w_1 + w_3) = \phi_s(0.2, 0.7)$$

として求める．$\phi_s(\xi,\ u)$ 変換の形状は ξ によって異なり図 9.9 のようになる．

第 9 章　表計算で学ぶ階層化ファジィ積分（HFI）――基準間の相互作用を考慮したモデル

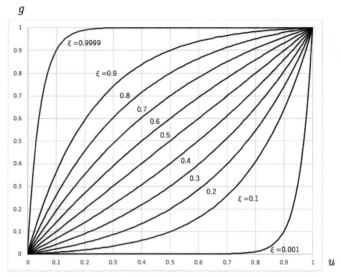

図 9.9　ϕ_s 変換の形状

表 9.5 は，図 9.9 にあてはめて，計算したものである．$\xi = 0.1$ と 0.3 では，$g(\{1\}) + g(\{3\}) < g(\{1, 3\})$ となり，優加法的である．その程度は $\xi = 0.1$ のほうが強くなっている．逆に，$\xi = 0.7$ と 0.9 では，$g(\{1\}) + g(\{3\}) > g(\{1, 3\})$ となり，劣加法的である．その程度は $\xi = 0.9$ のほうが強くなっている．$\xi = 0.5$ では，加法的になっている．

表 9.5　ξ と優加法性，劣加法性

ξ	$g(\{1\})$ $= \phi_s(\xi,0.1)$	$g(\{3\})$ $= \phi_s(\xi,0.6)$	$g(\{1\})$ $+ g(\{3\})$	$g(\{1,3\})$ $= \phi_s(\xi,0.7)$		
0.1	0.0069	0.1621	0.1690	0.2584	優加法的	補完的
0.3	0.0415	0.3969	0.4385	0.5118	優加法的	補完的
0.5	0.1000	0.6000	0.7000	0.7000	加法的	
0.7	0.1910	0.7818	0.9728	0.8509	劣加法的	代替的
0.9	0.3601	0.9400	1.3001	0.9658	劣加法的	代替的

ϕ_s 変換の数式での定義は，次のようになる．

9.4 階層化ファジィ積分法（HFI）の考え方

$$\phi_s(\xi, u) = \frac{s^u - 1}{s - 1} \quad \text{ただし}, \quad s = \frac{(1-\xi)^2}{\xi^2}$$

$\xi = 0.5$ のとき $\phi_s(0.5, u) = u$ である．ξ は $0 < \xi < 1$ の範囲で，0 と 1 は含まない．

9.4.2 表による計算

　ファイル PhisCalc.xlsx に，図 9.7 と同様の方法で $\phi_s(\xi, u)$ 変換を使った計算を示す．基準数によりシートが異なる．図 9.10 は，3 基準の場合の計算表である．セル C2 に ξ を入力するセルがある．

　計算表では，集合番号の代わりに対応する重要度を表示する列がある．累積は，集合番号ではなく重要度である．ファジィ測度の値は，重要度累積と ξ から計算されるので，その部分の計算式を示す．

セル	計算式	複写元	複写先
E2	=(1-C2)^2/C2^2		
G11	=IF($E$2=1,F11,($E$2^F11-1)/($E$2-1))	G11	G12：13

　セル E2 は s を ξ から求める計算式である．セル G11 の関数 IF は，$s = 1$（$\xi = 0.5$）のとき，計算式が異なるのでその設定である．($E$2^F11-1)/($E$2-1) は，「s」（セル E2）と「重要度累積」（セル F11）からファジィ測度の値を求める ϕ_s 変換の計算式である．

	A	B	C	D	E	F	G	H
1								
2		ξ	0.2	s	16			
3								
4			評価値	集合番号	順位 同順位なし	重要度		
5		基準1	50	1	3	0.1		
6		基準2	60	2	2	0.3		
7		基準3	80	4	1	0.6		
8								
9		計算表						
10	順位	基準	重要度	評価値	評価値差 v	重要度累積	ファジィ測度g	積 (v×g)
11	1	基準3	0.6	80	20	0.6	0.2852	5.7040
12	2	基準2	0.3	60	10	0.9	0.7417	7.4172
13	3	基準1	0.1	50	50	1	1.0000	50.0000
14					0		合計 (出力値)	63.1212

図 9.10　$\phi_s(\xi, u)$ 変換を使った計算

第9章　表計算で学ぶ階層化ファジィ積分（HFI）——基準間の相互作用を考慮したモデル

9.4.3　一対比較を使って ξ を決める

　表 9.2 の ξ に対することばを使い，一対比較で ξ を求める．表 9.2 の感性語のなかから，問題に合うものをペアで取り出す．一般的なものとして，「悪い点がないことを評価」と「よい点があることを評価」を例に説明する．

	左の項目が圧倒的に重要	（中間）	左の項目がうんと重要	（中間）	左の項目がかなり重要	（中間）	左の項目が少し重要	（中間）	左右同じくらい重要	（中間）	右の項目が少し重要	（中間）	右の項目がかなり重要	（中間）	右の項目がうんと重要	（中間）	右の項目が圧倒的に重要	
	9	8	7	6	5	4	3	2	1	1/2	1/3	1/4	1/5	1/6	1/7	1/8	1/9	
よい点があること															○			悪い点がないこと

図 9.11　ξ を決めるための一対比較

　図 9.11 のような一対比較を行い，その一対比較値を α とする．図 9.11 の場合，$\alpha = 1/7$ である．ξ の値は，基準数（n）により異なり，等重みとしたとき，最上位の評価値の係数と最下位の評価値の係数の比が α となるように ξ を求める．

$$\phi_s\left(\xi, \frac{1}{n}\right) : 1 - \phi_s\left(\xi, \frac{n-1}{n}\right) = \alpha : 1$$

　この式を使って，ξ を求めるシートが xiseekfromalpha.xlsx に入っている．$n = 4$ で $\alpha = 1/7$ のときは，$\xi = 0.21$ になる．

9.5 表計算による HFI 分析

AHP によりすでに，各基準について各代替案の評価値と，各基準の重みが求まっているとする．これを HFI に拡張する．HFI では，さらに ξ の値が必要になるので，対象の問題の性質を考えて，9.4.3 項の方法で求めたり，9.5.4 項で述べるような標準の値を使ったりする．

9.5.1 HFI の計算表

HFICalc.xlsx に HFI 計算用の計算式を設定してある．また，HFICalc_Ex_SportClub.xlsx に本節の例題の作業結果を示す．これらのファイルはマクロを使っていない．

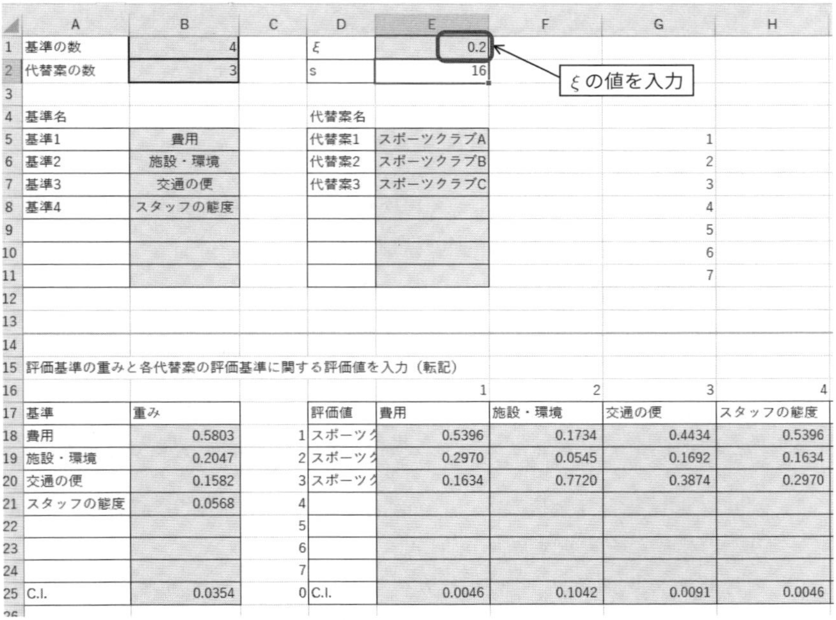

	A	B	C	D	E	F	G	H
1	基準の数	4		ξ	0.2			
2	代替案の数	3		s	16			
3								
4	基準名			代替案名				
5	基準1	費用		代替案1	スポーツクラブA		1	
6	基準2	施設・環境		代替案2	スポーツクラブB		2	
7	基準3	交通の便		代替案3	スポーツクラブC		3	
8	基準4	スタッフの態度					4	
9							5	
10							6	
11							7	
12								
13								
14								
15	評価基準の重みと各代替案の評価基準に関する評価値を入力（転記）							
16					1	2	3	4
17	基準	重み		評価値	費用	施設・環境	交通の便	スタッフの態度
18	費用	0.5803		1 スポーツ…	0.5396	0.1734	0.4434	0.5396
19	施設・環境	0.2047		2 スポーツ…	0.2970	0.0545	0.1692	0.1634
20	交通の便	0.1582		3 スポーツ…	0.1634	0.7720	0.3874	0.2970
21	スタッフの態度	0.0568		4				
22				5				
23				6				
24				7				
25	C.I.	0.0354		0 C.I.	0.0046	0.1042	0.0091	0.0046

（セル E1 に注記）ξ の値を入力

図 9.12 HFI の計算表の入力部分

175

第 9 章　表計算で学ぶ階層化ファジィ積分（HFI）——基準間の相互作用を考慮したモデル

　図 9.12 に HFI の計算表の入力部分を示す．AHP の場合とほぼ同じで，違い
はセル E1 に ξ の値を入力することである．

　セル N28 より右下のエリアで総合評価値を計算している．計算方法は，図
9.10 の方法とほぼ同じで，縦に 7 列に分けて計算している部分を横長にして計
算している．

図 9.13　HFI の計算表の計算結果

　図 9.13 は HFI の計算表の計算結果で，HFI の総合評価値の部分（列 L）が，
AHP と同様にこの値が高い順に選択の候補となる．

　「総合評価値の内訳」と「内訳の意味」は，グラフでなぜその代替案の総
合評価値が高い（または低いか）を分析するのに使う．例えば，セル F30 の
0.0311 は，セル F39 で {1,4} と表示されており，これは，スポーツクラブ A の
$g(\{1, 4\})v(\{1, 4\})$ の値であることを示している．

　内訳の意味と値をデータラベルとする横棒グラフ化は次の手順で行った．

(1) 図 9.13 の「総合評価値の内訳」の部分を範囲指定し，「2D 横棒」→「積
み上げ横棒」を選択する．

(2) 項目軸ラベルが順位，凡例項目が代替案になっている．この場合，行と
列が入れ替わっているので，グラフ内部を右クリックして，「データの
選択」→「行／列の入れ替え」を選択する（正しくグラフ化されていれ

176

9.5 表計算による HFI 分析

ばこの作業は不要).
(3) 棒の各系列を右クリックして,「データラベルの追加」を選択する.
(4) 棒の各系列を右クリックして,「データラベルの書式設定」で「セルの値」を選択し, 図 9.13 の「内訳の意味」の部分で対応する系列の範囲を範囲指定する. 上の例で「1-2 位」の系列では, E39 : E41 とする.

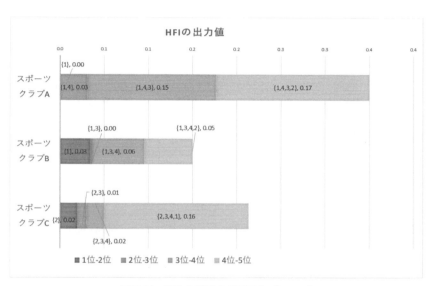

図 9.14　HFI の結果のグラフ化 ($\xi=0.2$)

図 9.14 は, $\xi=0.2$ の場合で, スポーツクラブ A が 1 位で, C が 2 位であることを示している. $\xi=0.2$ は優加法的なので, 低い順位の部分が重要視される. スポーツクラブ A と C を比較すると最小値 (4 位 -5 位) は 0.17 と 0.16 でほぼ同じであるが, A は {1,4,3} が合併した部分が 0.15 と大きく, C は {2,3,4} が合併した部分は 0.02 と小さく, A の総合評価値が 1 位となる大きな要因となっている.

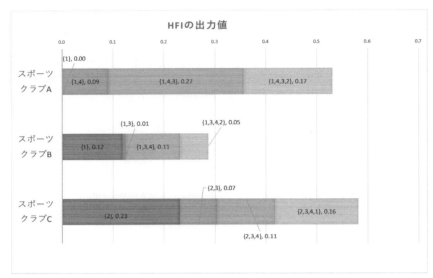

図 9.15　HFI の結果のグラフ化（$\xi = 0.9$）

　図 9.15 は，同じ問題で，$\xi = 0.9$ と劣加法的にしている．そのため，順位が高い部分が重要視され，スポーツクラブ C は {2}（施設・環境）が高いため，1 位になっている．

　さまざまな ξ で比較分析をすることで問題の性質がみえてくる．ξ を 0 付近から 1 付近まで変化させてどう各総合評価値が変化するのかの分析をする感度分析は 9.5.3 項で説明する．

9.5.2　マクロを使って HFI を計算

　HFI の計算は，AHP の一対比較値から重みの算出と同様に大きな計算エリアへの計算式の設定を必要とする．そこで，HFI の計算も関数で実行できるマクロを用意した．HFIcalc_macro.xlsm のシート「HFI」にスポーツクラブの例の計算例を示す．

　作成した関数は以下のとおりである．

9.5 表計算による HFI 分析

関数名	HFIcalc
機能	HFI により総合評価値を計算する．
引数 1	ξ
引数 2	基準の重みの範囲．
引数 3	評価値（セル範囲）．
	※「引数 1 のセル個数 ＝ 引数 2 のセル個数」になるようにする．
戻り値	HFI での総合評価値．

他にも次の関数を用意した．

関数名	PhiXiTrans
機能	ϕ_s 変換によりファジィ測度の値を計算する．
引数 1	ξ
引数 2	u
戻り値	ファジィ測度の値．

	A	B	C	D	E	F	G	H	I	J	K	L
17	基準	重み		評価値	費用		施設・環境	交通の便	スタッフの態度			総合評価値
18	費用	0.5803	1	スポーツク	0.5396	0.1734	0.4434	0.5396				0.3498
19	施設・環境	0.2047	2	スポーツク	0.2970	0.0545	0.1692	0.1634				0.1498
20	交通の便	0.1582	3	スポーツク	0.1634	0.7720	0.3874	0.2970				0.2131
21	スタッフの態度	0.0568	4									
22			5									
23			6									
24			7									
25	C.I.	0.0354	0	C.I.	0.0046	0.1042	0.0091	0.0046				

図 9.16　マクロによる HFI の総合評価値の計算

図 9.16 はマクロによる HFI の総合評価値の計算で，セル L18 に計算式を設定している．ξ の値は図外のセル E1 にある．

セル	計算式	複写元	複写先
L18	=HFIcalc(\$E\$1,\$B\$18：\$B\$21,E18：H18)	L18	L18：L20

9.5.3　感度分析

感度分析は，設定する計算式が多く，マクロによる関数なしでは困難である．そこで，マクロを使って分析する．HFIcalc_macro.xlsm のシート「HFI 感度

分析 1」を参照しながら説明する.

9.5.2 項の分析のように ξ の値を変えると総合評価値に影響を与え,その変化に着目して分析をすると問題や代替案の特徴がみえてくる.

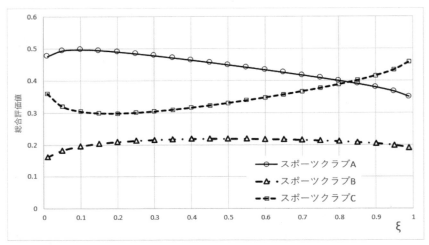

図 9.17 スポーツクラブの感度分析(正規化後)

図 9.17 はスポーツクラブ選定の感度分析である.スポーツクラブ A は,ξ が 0〜0.85 の範囲で 1 位と特に悪い点はなく,また,平均的にもよい代替案である.スポーツクラブ C は,ξ が 0.85〜1 で,よい点がある代替案であり,実際,施設・環境の評価値は高い.スポーツクラブ B は,ξ の全範囲で 3 位となり,この基準の重みでは,他の 2 つの代替案に劣る代替案である.

このグラフを作成するために,図 9.18 の表を作成した.

	A	B	C	D	E	F	G		R	S	T	U	V
30	代替案	0.01	0.05	0.1	0.15	0.2	0.25		0.8	0.85	0.9	0.95	0.99
31	スポーツクラブA	0.2180	0.2649	0.2998	0.3269	0.3498	0.3701		0.5147	0.5228	0.5300	0.5359	0.5392
32	スポーツクラブB	0.0743	0.0986	0.1187	0.1352	0.1498	0.1632		0.2723	0.2796	0.2863	0.2923	0.2963
33	スポーツクラブC	0.1645	0.1718	0.1838	0.1977	0.2131	0.2298		0.5002	0.5378	0.5812	0.6361	0.7074
34	合計	0.4569	0.5354	0.6023	0.6597	0.7127	0.7631		1.2872	1.3402	1.3975	1.4644	1.5429
35					(途中略)								
36	正規化	0.01	0.05	0.1	0.15	0.2	0.25		0.8	0.85	0.9	0.95	0.99
37	スポーツクラブA	0.47715	0.49482	0.49785	0.49549	0.49086	0.48504		0.39989	0.39013	0.37922	0.36594	0.34947
38	スポーツクラブB	0.16273	0.18425	0.19704	0.20489	0.21017	0.21384		0.21151	0.2086	0.20488	0.19964	0.19204
39	スポーツクラブC	0.36012	0.32093	0.30511	0.29962	0.29897	0.30112		0.3886	0.40126	0.4159	0.43442	0.45849

図 9.18 図 9.17 の感度分析のための表

9.5 表計算による HFI 分析

セル	計算式	複写元	複写先
B31	=HFIcalc(B$30,$B$18：$B$21,$E18：$H18)	B31	B31：V33

セル B$30 は対応する ξ の値，セル範囲 $B$18:$B$21 は基準の重みの範囲（図 9.16），セル範囲 $E18：$H18 は，スポーツクラブ A の評価値の範囲である．

ξ の値が大きくなるにつれ，どの代替案の総合評価値も増大する．そこで，結果の解釈に誤解を生じないように，3 つの総合評価値の合計が 1 になるように正規化した値を計算する．

セル	計算式	複写元	複写先
B34	=SUM(B31：B33)	B34	C34：V34
B37	=B31/B$34	B37	B37：V39

セル範囲 A36：V39 を散布図でグラフ化しものが図 9.17 である．

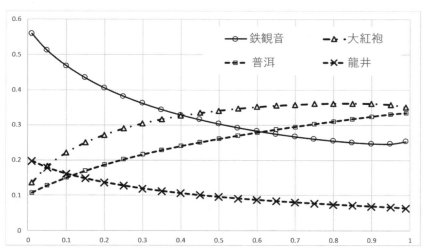

図 9.19　中国茶選びの感度分析（正規化後）

第9章 表計算で学ぶ階層化ファジィ積分（HFI）——基準間の相互作用を考慮したモデル

基準	重み		評価値	香り	味	色	価格
香り	0.3143	1	鉄観音	0.2955	0.2505	0.5283	0.3041
味	0.2473	2	大紅袍	0.5644	0.5075	0.3050	0.0502
色	0.0630	3	普洱	0.0444	0.1528	0.0610	0.5462
価格	0.3754	4	龍井	0.0958	0.0892	0.1057	0.0995

図 9.20　中国茶選びの重みと評価値

図 9.19 は中国茶選びの感度分析である（HFIcalc_macro.xlsm のシート「HFI 感度分析 2」）．悪いところがないこと（$\xi = 0 \sim 0.4$）を評価すると鉄観音になる．0.4 以上だと大紅袍，続いて普洱となる．大紅袍，普洱はともに評価値の高い基準がある代替案である．ξ が増大するにつれ正規化した総合評価値は上昇する．ただし，図 9.20 のように，高い重みを与えた「香り」について，大紅袍が高い評価値であるので，総合評価値で 1 位になっている．普洱は価格で高い評価値であるが，価格の重要度は低いので，$\xi = 0.5$ 付近では重要度が大きく作用し，大紅袍より低い総合評価値になった．

9.5.4　相互作用 ξ について（再び）

中国茶の感度分析で説明したように，総合評価値は，$\xi = 1$ 付近では一番高い評価値（最大値）の影響を受け，ほぼ最大値で決まる．逆に $\xi = 0$ 付近では一番低い評価値（最小値）の影響を受け，ほぼ最小値で決まる．最大値による総合評価法では，最大値の減少分を他の評価値の増加で補うことができない．逆に，最小値による総合評価法では，最小値の減少分を他の評価値の増大で補うことができない．この意味で，非補償型の総合評価法である．HFI でも $\xi = 1$ 付近では，最大値の減少は他の評価値でほとんど補うことができない（$\xi = 0$ 付近も同様）．その意味で，ほぼ非補償型の総合評価法である．

加重平均による総合評価法は，味の悪さは，価格の安さで補うことができる補償型の総合評価法である．HFI でも $\xi = 0.5$ 付近でこの性質をもっており，ほぼ補償型の総合評価法である．

したがって，HFI は，補償型と非補償型の中間の総合評価法で，$\xi = 0.5$ に近づければ補償型に近くなり，0 または 1 に近づければ非補償型に近くなる．ξ を決めるときに，この補償型，非補償型も考慮にいれる必要がある．

182

問題の対象によって，おおまかな ξ の値が決まる[9]．

基準が機能のようなとき，評価基準には必要な機能が列挙される．必要な機能は1つでも満たさないと選択されない．例えば，冷蔵庫の選択で，機能として冷凍庫の容量，チルド室の容量，静音性を必要とした場合，どれかひとつでも欠ける代替案は選択されないだろう．ひとつの基準だけ優れた代替案より，3つの機能をまんべんなく満たす（欠点のない）代替案が選択されるだろう．したがって，$\xi = 0.2$ など補完的な値とするのがよいだろう．

金額の評価などは，他の基準のよさで代わりとなる．初期費用の高さは，運転費用の安さでかなり補償できる．したがって，$\xi = 0.4$ など加法的に近い値に設定できる．

デザインなどの感性にかかわる評価では，どれかがよければよいという代替的な総合評価になる．「モダンなデザイン」「アジアンなデザイン」「中華風なデザイン」が好みで，3つの基準で総合評価したとき，3つのデザインにまんべんなくあてはまる，まあまあな代替案より，あるひとつの基準，例えば「モダンなデザイン」ですばらしいもののほうが好まれるであろう．この意味で，「よい点があることを評価」となり，$\xi = 0.7$ くらいにするのがよいだろう．

商品の選択などで，人間は，ひとつでも気に入らない点がある代替案は好まれないことが多い．例えば，洋服の選択で，「価格」「デザイン」「縫製」「色」という基準で選択するとき，（色を除く）デザインがよく，価格も手ごろ，縫製もよい洋服であっても，着ることができないくらい派手な色の洋服は選択されないだろう．この意味で商品の選択では，$\xi = 0.3$ くらいを標準値とし，この値から対象の問題の性質によって ξ の値を変更することもできる．

参考文献

AHP に関する文献

[1] 竹田英二『サーティの方法によるウェイトの若干の吟味』刀根薫，真鍋龍太郎 編，AHP 事例集，日科技連，pp.223 – 246, 1990

[2] 刀根薫『ゲーム感覚意思決定法―AHP 入門』日科技連，1986

[3] 刀根薫，高村義晴「首都機能移転計画のための総合評価手法の開発とその適用」オペレーションズ・リサーチ（日本オペレーションズ・リサーチ学会），Vol.46, No.6（2001 年 6 月号），pp.279-283, 2001

ショケ積分に関する文献

　ショケ積分（ファジィ積分）に関する書籍は少ない．日本語の専門書は以下のものがある．出版年から経過しているので図書館などで探すのがよいだろう．

[4] 菅野道夫，室伏俊明『ファジィ測度』日刊工業新聞社，1993, ISBN4-526-03264-6

[5] 中森義輝『感性データ解析』森北出版，2000, ISBN4-627-91691-4

[6] 中島信之『ファジィ数学のおはなし』培風館，1997, ISBN 4-563-00255-0

HFI に関する文献

[7] 杉山孝男，椎塚 久雄「階層的ファジイ積分による意思決定法（＜特集論文＞人文・社会科学へのファジィ理論の応用)」日本ファジィ学会誌，5(4), 772-782, 1993, doi: 10.3156/jfuzzy.5.4_772

[8] 高萩栄一郎「重要度と λ による λ ファジイ測度の同定について」日本ファジィ学会誌，12(5), 665-676, 2005, doi: 10.3156/jfuzzy.12.5_73

[9] 高萩栄一郎，椎塚久雄「階層化ファジイ積分(HFI)による「もの」「サービス」の総合評価法の提案」日本感性工学会論文誌（早期公開論文 2018 年 2 月 27 日現在），doi: 10.5057/jjske.TJSKE-D-17-00083

　[7]〜[9] は，インターネット上にありダウンロードして読むことができる．

索　引

[A]

AHP 6
AHP_rec_KawasakiParks.xlsx 107
AHPCalc.xlsx 48, 125
AHPCalc_auto_Ex_SportClub.xlsx 100
AHPCalc_Ex_MiniAHPSportClub.xlsx 115
AHPCalc_Ex_SportClub.xlsx 48, 100
AHPCalc_exChineseTea.xlsx 48
AHPCalc_exVegetable.xlsx 48
AHPCalc_Harker.xlsx 105, 143
AHPcalc_macro.xlsm 117, 144, 149
AHPline 関数（Excel）......................128
AHPReachLine 関数（Excel）..............128, 146
AHPReach 関数（Excel）......................145
AHPtable 関数（Excel）......................118

[C]

C.I. 34
Choquet_ex2.xlsx 165
ChoquetInt 関数（Excel）......................170
CI_nakajima 関数（Excel）......................149

[E]

eigen.xlsx 136

[G]

geo_CI.xlsx 151

[H]

HFI 171, 175, 178
HFICalc.xlsx 175
HFICalc_Ex_SportClub.xlsx 175
HFIcalc_macro.xlsm 160, 169, 178, 179
HFIcalc 関数（Excel）......................179

[O]

OWAoperator.xlsx 158
OWAoperator 関数（Excel）......................160
OWA オペレータ 157, 160

[P]

PhisCalc.xlsx 173
PhiXiTrans 関数（Excel）......................179

[X]

xiseekfromalpha.xlsx 174

[あ]

アクター 88
アンケート 124
アンケート用紙 19, 49

意思決定 7
一対比較 9, 17, 124
一対比較値 18
一対比較表 20

ウェイト 9, 11, 22

円グラフ 57

重み 9, 22, 128
重みづき平均 5
重みづけ 5, 11
重みの計算 52

[か]

階層化ファジィ積分法......................171
階層構造 9, 16, 36, 71
階層図 71
階層図の作成 59
階層分析法......................................6

索 引

加重和 30
価値方向の一定性 74
加法的 165
感性語 157
感度分析 179

幾何平均 26
幾何平均法 9, 22, 23, 151
基準 71, 73
基準間の一対比較 20
基準の重みづけ 11
基準の独立性 73

グラフ 31, 57

欠損値 105, 118, 128, 140, 145
ゲーム感覚意思決定法 6

言葉による一対比較 18
固有値法 9, 22, 26, 136

[さ]
サーティ 6

集合棒グラフ 57
ショケ積分 163, 169
ショケ積分モデル 166

正規化 24, 166
整合度 34, 151
整合度の評価 35
絶対参照（Excel）...........................122
専用型 AHP 66

総合化 55
総合評価 12, 154
総合評価計算表 51
総合評価値 30
相対参照（Excel）...........................123

[た]
代替案の一対比較 20
代替案の評価値 11
代替財 155

代替的な総合評価法 155
多基準決定問題 5
単義性 74

直接評価 93

積み上げ棒グラフ 59

刀根の方法 147

[な]
中島の方法 149

[は]
ハーカーの方法 105, 140
汎用型 AHP 66

非補償型 182
評価基準 5, 71
評価値の計算 54

ファジィ測度 171
ファジィ測度ショケ積分モデル 163
副詞と数値（一対比較値）の翻訳表 ...18
プライオリティ 9, 11, 22

平均値 26
べき乗法 136

補完財 155
補完的な総合評価法 155
補償型 182

[ま]
マクロ 117, 144

ミニ AHP 114

矛盾する一対比較値 147

[や]
優加法的 165
優先度 22

[ら]
劣加法的 165

〈著者略歴〉

高萩栄一郎 (たかはぎ　えいいちろう)

1961 年東京都千代田区生まれ.
1985 年中央大学経済学部卒業, 同大学経済学
研究科博士課程退学.
福井工業大学経営工学科助手を経て, 現在,
専修大学商学部教授.
現在, ファジィ理論, 特にファジィ積分の理
論とその社会への応用, AHP を研究している.
日本知能情報ファジィ学会　会員 (元評価問
題研究部会代表幹事, 元ソフトサイエンス研
究部会代表幹事), 日本オペーレーションズ・
リサーチ学会, 日本経営数学会会員など.

〈主な著書〉
『ビジネス数理基礎』(ムイスリ出版)
『複雑系社会理論の新地平』(専修大学出版局,
　共著)

中島信之 (なかじま　のぶゆき)

1940 年大阪府生まれ.
1963 年大阪大学理学部卒業, 同大学大学院理
学研究科修士課程修了. 工学博士.
専攻は数理統計学, ファジィ理論, 意思決定論.
大阪府立大学工学部助手, 大阪大学工学部助
手, 和歌山県立医科大学進学課程講師, 同助
教授を経て, 1990 年富山大学経済学部教授.
2006 年定年退職.
現在, 富山大学名誉教授.
日本ファジィ学会会員 (ソフトサイエンス研
究部元代表幹事).

〈主な著書〉
『講座ファジィ第 2 巻, ファジィ集合, 第 1 章』
　(日本工業新聞社)
『社会科学の数理／ファジィ理論入門』(裳華
　房, 竹田英二, 石井博昭との共著)
『ファジィ数学のおはなし』(培風館)
『t−ノルムの全て』(三恵社)
『あいまいさの系譜』(三恵社)
『ファジィ論理のほとんど全て』(三恵社)

- 本書の内容に関する質問は, オーム社書籍編集局「(書名を明記)」係宛に, 書状ま
たは FAX (03-3293-2824), E−mail (shoseki@ohmsha.co.jp) にてお願いします.
お受けできる質問は本書で紹介した内容に限らせていただきます. なお, 電話での
質問にはお答えできませんので, あらかじめご了承ください.
- 万一, 落丁・乱丁の場合は, 送料当社負担でお取替えいたします. 当社販売課宛に
お送りください.
- 本書の一部の複写複製を希望される場合は, 本書扉裏を参照してください.

|JCOPY|＜(社)出版者著作権管理機構 委託出版物＞

Excel で学ぶ AHP 入門　第 2 版

平成 17 年 9 月 25 日　　第 1 版第 1 刷発行
平成 30 年 5 月 20 日　　第 2 版第 1 刷発行

著　　　者　高萩栄一郎・中島信之
発 行 者　村 上 和 夫
発 行 所　株式会社 オ ー ム 社
　　　　　　郵便番号　101-8460
　　　　　　東京都千代田区神田錦町 3-1
　　　　　　電話　03(3233)0641(代表)
　　　　　　URL　https://www.ohmsha.co.jp/

© 高萩栄一郎・中島信之 2018

組版　チューリング　　印刷・製本　壮光舎印刷
ISBN978-4-274-22227-6　Printed in Japan

オーム社の「Excelで学ぶ」シリーズ

Excelで学ぶ 時系列分析
―理論と事例による予測―
[Excel 2016/2013対応版]

上田 太一郎[監修]・近藤 宏[編著]
高橋 玲子・村田 真樹・渕上 美喜・藤川 貴司・上田 和明[共著]
A5判／328ページ／定価(本体3,200円【税別】)

豊富な事例から予測手法のノウハウを解説！

本書は、2006年発行当初から好評を博した『Excelで学ぶ時系列分析と予測』の内容を見直し、Excel2016/2013に対応して発行するものです。
第1部で時系列分析の基礎を解説し、時系列分析の手法の仲間である単回帰分析、重回帰分析、成長曲線、最近隣法、灰色理論の理論を解説します。
第2部では平均株価、売り上げ、需要予測、製品寿命予測等の身近なデータを使ってExcelで解析・予測します。時系列分析の基本概念である「トレンド」「周期変動」「不規則変動」「季節変動」を中心に、各統計手法の基礎的な事項から実データによる予測事例までわかりやすく解説していきます。

Excelで学ぶ 統計解析入門
[Excel 2016/2013対応版]

菅 民郎[著]
B5変・376頁／定価(本体2,700円【税別】)

Excelで学ぶ 生命保険
―商品設計の数学―

成川 淳[著]
B5変・296頁／定価(本体3,800円【税別】)

もっと詳しい情報をお届けできます。
◎書店に商品がない場合または直接ご注文の場合は右記宛にご連絡ください。

ホームページ　https://www.ohmsha.co.jp/
TEL／FAX　TEL.03-3233-0643　FAX.03-3233-3440

(定価は変更される場合があります)

F-1805-241